MUJERES MATEMÁTICAS

MUJERES MATEMÁTICAS

Joaquín Navarro

RBA

Infografía: Joan Pejoan.
Diseño de cubierta: Elsa Suárez.

Avda. Diagonal, 189 - 08018 Barcelona.
rbalibros.com

Primera edición: febrero de 2019.

REF.: RPRA518
ISBN: 978-84-9187-266-5
DEPÓSITO LEGAL: B.1.333-2019

REALIZACIÓN • EDITEC

Impreso en España • *Printed in Spain*

Contenido

Prefacio

El tratamiento que se le ha dado al libro es cronológico, como es casi obligatorio en un libro histórico de biografías. El capítulo 1 narra las aventuras y desventuras de Hipatia y Lucrezia Piscopia. Las figuras descollantes del llamado Siglo de las Luces, son objeto de estudio en el capítulo 2. Dos figuras de perfil astronómico, Caroline Herschel y Mary Somerville, han sido elegidas para darle una cierta unidad al capítulo 3, que precede además, de modo lógico, a la era victoriana, tratada en el capítulo 4 y personificada en Ada Lovelace, Florence Nightingale y la más matemática de las tres, Sofia Kovalevskaya, un talento intelectual premonitorio de la gran reina por llegar. Nos referimos, como es natural, a la gran Emmy Noether, que ocupa todo el capítulo 5. Nos hubiera gustado dedicarle más espacio, pero Emmy se movía en alturas de abstracción cercanas al ataúd de Mahoma, suspendido, como es sabido, entre el cielo y la tierra. Explicar, de modo comprensible para todos, los conceptos noetherianos y el por qué de los mismos hubiera sido algo fantástico, pero se hubiera necesitado un libro entero para desarrollar sólo el capítulo 5. Por fortuna, hay muchas monografías dedicadas a Noether, así que quien esté interesado puede acudir a ellas.

El capítulo 6 ya ve aparecer las computadoras en la persona de Grace Hopper, una estadounidense que llegó a contralmirante de la Navy. Y concluye con Julia Robinson, un talento natural que se quedó a pocos centímetros de resolver el décimo problema de Hilbert. Y no se ha seguido por dos razones: la primera, y más importante, que ya no había espacio para más, y la segunda, que llegados al siglo XXI, ni con la mejor voluntad hubiéramos podido hacer entender el contenido científico a un público amplio. Hay algún concepto matemático —sobre todo en el caso de Noether— que si se explica bien es incomprensible para la mayoría, y si es comprensible para la mayoría es que no se ha explicado bien. O mejor dicho, si se entiende bien es porque el narrador elige voluntariamente olvidarse del rigor con el loable fin de que se le entienda, aunque lo que diga esté un tanto escaso de sustancia. Las mujeres matemáticas son, en definitiva, tan incomprensibles como los hombres cuando se dedican a las mismas cosas.

En el trasfondo de este libro existe una cuestión candente que no se trata en él sino de manera tangencial: ¿padecen las mujeres algún tipo de condicionante intelectual que les haga más difícil destacar en matemáticas? Por ejemplo, ¿qué hay de cierto en el aserto de que las mujeres tienen mayores dificultades que los hombres para el razonamiento abstracto? Parece que nada. Los estudios llevados a cabo en amplias muestras de la población escolar han demostrado que la capacidad matemática de uno y otro sexo es pareja. Por tanto, el hecho de que las mujeres destaquen menos en matemáticas que los hombres se debe, casi con toda seguridad, a razones sociológicas.

En el presente libro —y en muchos otros— las mujeres aparecen como los animales en la granja de Orwell: hombres y mujeres son iguales, pero unos son más iguales que otros. Históricamente los hombres son más iguales que las mujeres: las mujeres eran socialmente seres inferiores. Es por ello que las figuras glosadas en el presente volumen son dignas de una admiración todavía mayor que la que despiertan sus logros científicos: no se trata solamente de grandes matemáticas, sino de personas capaces de superar los más arraigados prejuicios.

Horizontontes lejanos

Hay otra forma de tentación todavía más peligrosa:
la afección de la curiosidad.
Agustín de Hipona, obispo y santo

Poco es lo que se conoce realmente de las matemáticas más antiguas, pues partes sustanciales de sus escritos se han perdido o son muy difíciles de localizar. Separar la realidad de la ficción no es tarea fácil, en especial porque tratándose de un tema delicado, con implicaciones en nuestro caso sociológicas, existe una tendencia natural a embellecer a las figuras y cuesta bastante ser objetivo. En cualquier caso hay matemáticas cuya aportación y cuya fama están, como en la obra teatral de Dario Fo, por encima de toda sospecha.

HIPATIA DE ALEJANDRÍA (CA. 370-CA. 415)

El visitante de los museos del Vaticano, ansioso por ver sus tesoros, llega un momento en que se enfrenta, maravillado, con un fresco enorme, de 5 × 7,7 m: se denomina *La escuela de Atenas* y lo pintó Rafael Sanzio, más conocido como Rafael a secas; es una de sus obras maestras que corta la respiración por su tamaño y belleza. En este cuadro dedicado a las mayores perlas del pensamiento griego, una representación donde puede identificarse a Platón, Euclides, Arquímedes, Aristóteles, Sócrates, etc., entre esos titanes figura algo distinto, una personalidad que estéticamente liga mal con el resto. Todo son hombres, menos una figura rubia, que aparece medio de espaldas, como si pidiera disculpas por la gran osadía que representa estar entre los mejores, a la altura de los gigantes. Es, en efecto, una mujer, Hipatia de Alejandría. En medio de una asamblea gloriosa e intimidante de filósofos, matemáticos y astrónomos figura Hipatia, mirando directamente al espectador; Hipatia, que era filósofo, matemático y astrónomo, solo que... mujer.

Pocos homenajes se han tributado de la envergadura de éste. Cierto, los astrónomos le han hecho a Hipatia su particular homenaje y decidieron que un cráter de la Luna se llamara Hipatia y que un valle próximo de 180 km se denominara Rimae Hypatia; también le dieron su nombre a un asteroide. Pero aún siendo tal bautizo un homenaje notable, lo de Rafael es un honor para el que no se necesita un atlas estelar, pues está al alcance de todos a través de la gigantesca válvula de resonancia que es el arte.

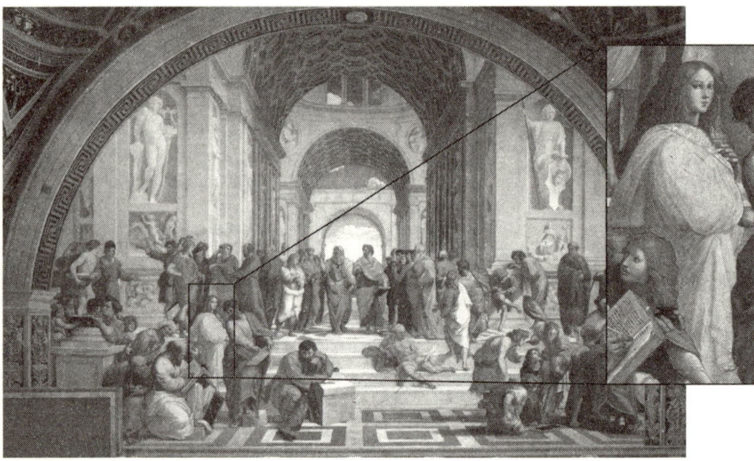

La escuela de Atenas, *de Rafael. Junto a él aparece destacada la imagen de Hipatia de Alejandría, tal como la representó el pintor renacentista.*

La trayectoria vital de Hipatia puede ayudar a hacernos entender cómo un científico accede a la inmortalidad de las enciclopedias e incluso al cine, que es mucho más importante en eso de dictar patentes de inmortalidad.

Hipatia pertenecía a una familia de muy buena extracción; su padre, Teón (ca. 335-ca. 405), fue el responsable del museo de Alejandría —*mouseion* era como se denominaba al Templo de las Musas—, institución de la que dependía la gran biblioteca del Templo de Serapis, heredera empobrecida de la Biblioteca de Alejandría, joya del mundo helénico, la misma que, destruida por una revuelta unos siglos antes, privó al mundo de un contenido inestimable y, seguramente, atrasó bastantes años el progreso humano. En el 391 el arzobispo Teófilo ordenó quemar también el Templo de Serapis.

Teón fue también un notable matemático. La contribución de Hipatia a las actividades paternas parece indiscutible; por ejemplo, aunque Teón no inventó el astrolabio, sí que participó en su desarrollo y perfeccionamiento, y a Hipatia se la relaciona ampliamente con este instrumento. Los comentarios realizados por Teón sobre la obra magna de Ptolomeo (ca. 100-ca. 170), el *Almagesto* (un texto reverenciado, de nombre real *He Megále Síntaxis*, o sea *El gran tratado*) vienen también de la mano, en gran parte, de su amante hija. Teón la consideraba superior a él en matemáticas.

Hipatia era, pues, hija de un personaje notable y se movía como pez en el agua en un mundo de hombres, muestra de un carácter excepcional. Su apariencia física exacta se desconoce, aunque testimonios cercanos la describen como agraciada. Era también una excelente oradora e impartía clases; tras la destrucción del Templo de Serapis lo hacía sólo en su casa. Su fama llevó a muchos estudiantes a desplazarse hasta Alejandría. Muy probablemente fue, en su tiempo, el ser humano número uno del mundo en matemáticas.

Como filósofa cultivaba una variante propia del neoplatonismo, cosa un tanto irrelevante para nuestros propósitos biográficos. Quizá lo más significativo que pueda decirse sobre sus creencias es que era una pagana —muy tibia— viviendo en un mundo predominantemente cristiano; este hecho infortunado es el que determinó su muerte, tan horrible como novelesca.

La trágica muerte de Hipatia

Resumiendo mucho lo acontecido entonces, parece que el prefecto romano Orestes —que se había bautizado para evitar problemas— y el recién nombrado patriarca Cirilo se llevaban mal. Hipatia era correligionaria de Orestes y buena amiga y ex profesora suya, así que la antipatía de los cristianos se la ganó por transitividad. Por otra parte, como astrónoma y matemática estaba anatemizada por éstos, pues se miraba a los astrónomos como astrólogos que se pasaban la vida escribiendo horóscopos. Además, siguiendo la inevitable ley del péndulo, los antes perseguidos y minoritarios cristianos se habían convertido en mayoritarios y perseguidores.

Cirilo decidió expulsar a los judíos de Alejandría, lo que horrorizó a Orestes, que se opuso a ello: ¡no iba a renunciar, por un capricho religioso de Cirilo, a recaudar tributos de un cuarto de la población! La intolerancia reinaba en aquellos tiempos, la lucha por el poder estaba a la orden del día y la situación evolucionó en forma de atentado. Cirilo intrigó para matar a Orestes, pero éste sobrevivió al atentado. Ante la imposibilidad de asesinarlo, Cirilo buscó seguramente una segunda opción más fácil, y esta opción resultó obvia: una mujer famosa, que era un ser anormal ya que osaba filosofar, que era una bruja que se dedicaba a los horóscopos y a la nefasta costumbre de razonar, una infiel pagana y, para colmo, amiga de Orestes, que quién sabe qué maléfica influencia ejercía sobre el gobernador. Total, que Hipatia era la candidata ideal para el martirologio, solo que al revés, desde el bando equivocado.

Las turbas cristianas, instigadas por Cirilo, raptaron a Hipatia, que circulaba en su carro, la golpearon, la desnudaron y, bajo el techo del Templo de Cesáreo la descuartizaron, separando la carne de los huesos utilizando *óstraka*. Se ignora si se trataba de conchas de ostra o fragmentos cortantes de teja porque el mismo término griego los describe a ambos. En cualquier caso, la discusión es algo académica; la muerte debió de ser atroz. Para terminar, incineraron sus restos.

La multitud asalta el carro de Hipatia antes de matarla.

EL ASTROLABIO

En griego clásico, *astro* significa «estrella» y *labio* se traduce por «el que busca», así que un astrolabio es un buscador de estrellas. Se trata de un artilugio mecánico pensado para reproducir el aparentemente complicado movimiento de los objetos celestes. Se basa, en esencia, en la proyección estereográfica de la esfera celeste, solo que no se tomaba como centro de proyección un polo —que es la proyección conforme matemáticamente aceptada hoy día—, sino el observador; como es natural, el astrolabio se limitaba a describir la situación y movimiento de los astros de un solo hemisferio, el del observador. El movimiento astral que se observa en tres dimensiones se proyecta en el plano del astrolabio, de dimensión dos. Si se desea tener a mano las tres dimensiones hay que recurrir a la esfera armilar y a artilugios semejantes, auténticas réplicas de la esfera celeste. No entraremos a discutir en detalle las tripas y el funcionamiento de un astrolabio, pues podría llevarnos horas y sería una tarea por completo inútil si no se tienen los conocimientos astronómicos previos suficientes. Lo ideó alguien, no se sabe con certeza quién, pero los fundamentos teóricos los puso Ptolomeo. El aparato se fue complicando hasta llegar, bastante perfeccionado, a las manos de Teón. Un alumno de Hipatia, Sinesio, expone en una carta que ésta le ayudó a construir y comprender el funcionamiento de un astrolabio. El astrolabio lleva una argolla que permite colgarlo verticalmente y tomar medidas con él. Sin ánimo de describirlo por completo y simplificando un poco, digamos que un astrolabio consiste en un disco circular o placa madre (se habla de uno de Tycho Brahe que llegó a medir tres metros) con un borde o limbo graduado. Por un lado la placa tiene una regla o alidada con la que se miden los ángulos sobre el horizonte. El otro lado, llamado faz, contiene a su vez dos placas circulares, ambas con graduación y marcas especiales: son el tímpano (que es específico de cada latitud) y la araña o red; este último círculo es giratorio. Es frecuente que en esta cara figure también una regla. Apoyándose en las medidas y las marcas previas es posible —pero complicado— determinar la hora solar, la hora de salida de las estrellas, la posición de un objeto (por ejemplo, un planeta) y hacer otras cosas prácticas, como medir distancias.

Se atribuyen a Hipatia citas como «Preserva tu derecho a pensar; más vale que corras el riesgo de equivocarte que cometas el pecado de no pensar», o «Terrible cosa es el enseñar supersticiones como si fueran verdades». El corte de tales frases denota un pensamiento quizá demasiado moderno. Es posible que sean apócrifas, aunque tal como se dice en la *Encyclopædia Britannica*, hubieran irritado muy mucho a san Cirilo. Porque el final de esa macabra historia de intolerancia y sangre es que el patriarca Cirilo fue santificado en el año 444. Además, es un doctor de la Iglesia. Obispos e historiadores cristianos posteriores coincidieron en que la culpa de todo fue de la satánica bruja Hipatia y que Cirilo obró bien, del modo adecuado. La Iglesia incluso creó la contrafigura —basada en un personaje inexistente— de santa Catalina de Alejandría para crear confusión entre los creyentes. A santa Catalina se le atribuían los hechos truculentos de la historia de Hipatia, pero narrándolos al revés, como si unos malvados terceros en discordia —por supuesto herejes ajenos al cristianismo— la hubiesen martirizado descuartizándola con conchas de ostra. Tan grotesca era la historia de santa Catalina que la propia Iglesia anuló posteriormente su existencia y, como es natural, su presunta santidad.

Un último apunte biográfico que haremos aquí se refiere a la edad de Hipatia en el momento de su muerte: hoy día se cree que la matemática fue asesinada cuando tenía o estaba cerca de los 60 años.

El futuro ha hecho de Hipatia un icono del feminismo y de la tolerancia, por lo que se le han dedicado panfletos, epigramas, denominaciones linneanas de polillas, novelas, cómics, tipos de letra, cuadros, congresos, obras teatrales, cooperativas, fotografías de Julia Margaret Cameron (ya en 1887), comentarios de Marcel Proust, artículos, libros biográficos y, lo que es más importante, películas. La más reciente, filmada en 2009, es *Ágora*, de Alejandro Amenábar. Aunque dotada de ciertas «licencias artísticas» en su guión, el filme de Amenábar fue incluso mostrado al Vaticano para su aprobación, superando el examen sin mayores críticas. En él Hipatia muere de modo voluntario y relativamente indoloro a manos de un esclavo obediente, antes de ser lapidada y «ostrificada». Nunca sabremos si fue así, como nunca sabremos si, tal como se cuenta en la película tirando de la verdad hasta casi la ruptura, la afición que sentía Hipatia por las cónicas y por el sistema de Aristarco la llevaron a suponer que los planetas describían elipses y que el sistema solar era heliocéntrico. Ambas cosas se postulan en el filme de Amenábar.

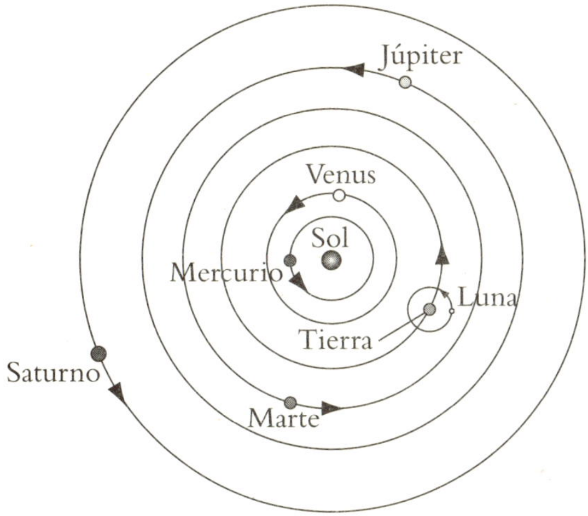

El sistema solar de Aristarco de Samos (ca. 310 a.C.– ca. 230 a.C.) era heliocéntrico, es decir que suponía que el Sol ocupaba el centro de la esfera celeste y la Tierra orbitaba en torno a él. En tal sistema las trayectorias celestes eran complicadas de explicar y debía recurrirse a inventos un tanto extraños, como los epiciclos. Hipatia era partidaria del sistema de Aristarco y no es descartable que sus críticas a Ptolomeo (que propugnaba en el Almagesto *un sistema geocéntrico) influyeran, siglos después, en Copérnico.*

Las obras de Hipatia citadas en casi todas las fuentes son comentarios a textos preexistentes. Lo que se debe entender por «comentarios» es una mezcla entre el texto de la obra original y las aportaciones puntuales propias del comentarista, un poco al estilo de lo que acostumbraba a hacer Fermat en los márgenes de los libros que leía. En concreto, elaboró comentarios sobre el *Almagesto* de Ptolomeo, las *Cónicas* de Apolonio de Pérgamo (ca. 262 a.C.-ca. 190 a.C.), la *Aritmética* de Diofanto de Alejandría (entre 200 y 214-entre 284 y 298), y un *Canon astronómico* que se supone que consistía sobre todo en un conjunto de tablas estelares. Junto con su padre trabajó en el *Almagesto* de Ptolomeo, en el astrolabio y en comentarios a los *Elementos de geometría* de Euclides. De hecho, la fuente de origen árabe, traducida al latín en el siglo XII, de la que proviene la versión moderna de dicho monumento matemático es, por una carambola del destino, la obra original con los comentarios de Teón e Hipatia.

Hipatia, por su cuenta, ideó un higrómetro, instrumento mecánico con el que se consigue determinar la densidad y el peso de los líquidos.

Ahora bien, no se ha encontrado escrito alguno inequívocamente suyo. Sus comentarios, o se han perdido, o están incrustados en la obra original y es inviable separarlos de ella. Eso sí, era considerada por sus contemporáneos la más destacada mente matemática de su tiempo.

LAS CÓNICAS

Éste era el nombre que recibían en el mundo clásico tres curvas muy comunes: la elipse, la hipérbola y la parábola. Se obtienen cuando un plano corta un cono de revolución, por lo que se denominan también secciones cónicas. El plano puede ser paralelo o no a la arista del cono, con lo que se obtiene una parábola u otra de las dos cónicas. Un caso límite de la elipse es el de la circunferencia, que es una elipse sin excentricidad, originada por un corte plano perpendicular a la línea central del cono.

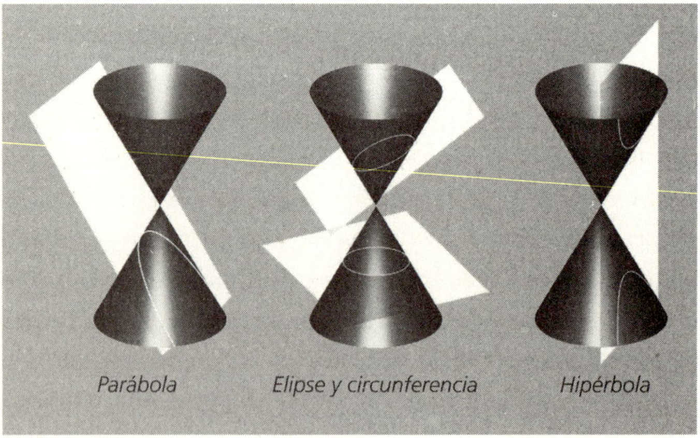

Aunque fueron introducidas por Menecmo (ca. 380 a.C.–ca. 320 a.C.), se considera a Apolonio de Pérgamo como el padre de las cónicas, pues fue él quien les dio el nombre y el que las estudió detenidamente en ocho libros que Hipatia comentó parcialmente. Su importancia reside en el hecho de que, como comprobó Kepler y demostró Newton, los cuerpos celestes describen en su movimiento órbitas que son curvas cónicas.

Las ecuaciones diofánticas

Hipatia, como se ha dicho, dedicó mucho esfuerzo a comentar a Diofanto. Lo que describe y estudia Diofanto en sus 13 libros (de los que han sobrevivido 6) es muy parecido a lo que hoy se denominan, muy justamente, ecuaciones diofánticas: aquellas ecuaciones algebraicas a coeficiente enteros y sus eventuales soluciones enteras; ecuaciones en los anillos $\mathbb{Z}[x_1, x_2,..., x_n]$, diríamos en el algo pedante lenguaje moderno.

Como es natural, podríamos hablar largo y tendido acerca de tales ecuaciones, pero dicen que un buen ejemplo vale por mil explicaciones, así que recurriremos a un ejemplo conocido y pasablemente divertido que narró por primera vez el escritor Ben Ames Williams, autor de los *bestsellers Que el cielo la juzgue (Leave Her to Heaven)* y *Todos los hermanos eran valientes (All the Brothers Were Valiant)*: el problema del mono, los marineros y los cocos. Dice así:

Tras un naufragio, llegan a una isla desierta del trópico cinco marineros hambrientos. Como sólo parece haber cocos como alimento comestible, se dedican a recolectarlos hasta que anochece; tan negra es la noche que deciden hacer el reparto al día siguiente e irse a dormir. Le dan humorísticamente las buenas noches a un mico, que parece ser el único habitante antropomorfo de la isla, y se echan sobre la arena de la playa. Al poco rato ya roncan.

Pero roncan también sus intestinos y el hambre despierta a un marinero. Se va hacia el montón de cocos, lo divide en cinco partes iguales (pongamos que hay *a* cocos en cada montón) y se come la suya. Como le sobra un coco, se lo da al mico. Terminado el banquete, se vuelve a dormir. Al poco, un segundo marinero se despierta y obra como el primero. Reparte los cocos restantes —pues ignora que ya faltan cocos—, se come su parte (por ejemplo, *b* cocos) y, como sobra un coco en el reparto, se lo da al mono. Y así hasta el último marinero, al que también le sobra un coco y también se lo adjudica al mono. La pregunta es, como era de esperar, ¿cuántos cocos había al inicio?

Llamando *N* a dicho número, el rompecabezas se resuelve con un sistema de ecuaciones diofánticas —nada evidente— que van reflejando la odisea de los cocos, como una secuencia de muñecas rusas, unas dentro de otras:

$$
\begin{aligned}
&N = 5a + 1\\
&N - a - 1 = 5b + 1\\
&N - a - b - 2 = 5c + 1\\
&N - a - b - c - 3 = 5d + 1\\
&N - a - b - c - d - 4 = 5e + 1.
\end{aligned}
$$

Donde *a, b, c, d* y *e* son el número de cocos que se van comiendo los hambrientos marineros. Sustituyendo paso a paso se llega a la expresión

$$1.024\,N = 15.625\,e + 11.529$$

y a un número infinito de soluciones, calculable con simples métodos algebraicos elementales (le dejamos los detalles al lector para que demuestre sus dotes matemáticas) y que resulta ser:

$$N = 15.625\,\lambda - 4 \text{ con } \lambda \in \mathbb{Z}.$$

Para conocer las soluciones basta con dar a λ todos los valores enteros. Como es natural, la menor solución de cocos reales, de los que pueden comerse, ha de ser forzosamente positiva. Poniendo $\lambda = 1$ se obtiene tal solución, $N = 15.621$, que es la menor posible. Otro simple cálculo muestra que los marineros se comieron, por este orden, 3.124, 2.499, 1.999, 1.599 y 1.279 cocos. Tenían apetito, sin duda. O les gustaban mucho los cocos.

ELENA LUCREZIA CORNARO PISCOPIA (1646-1684)

Existe una ópera de Donizetti en la que acaecen las aventuras —más bien las desventuras— de Caterina Cornaro, una noble veneciana que llegó a reinar en Chipre y Armenia allá por el año 1500. La ópera sería casi desconocida si no fuera porque la desenterró Montserrat Caballé e incluso grabó una versión con José Carreras en 1972.

Trinos y agudos aparte, el apellido Cornaro se valoró siempre en Venecia como una señal de distinción, pues lo ostentaban familias del más rancio abolengo, personajes que llegaron a cardenales, papas... e incluso pintores.

La figura que nos ocupa es Elena Lucrezia Cornaro Piscopia, que llevaba el ilustre apelativo Cornaro pero no fue reina terrenal de lugar alguno como no fuera de su notable intelecto; quizá podríamos coronarla reina de las matemáticas de su tiempo. No sería exagerado: Lucrezia Piscopia, como se la conoce abreviadamente en la mayoría de enciclopedias, figura en ellas por ser la primera mujer de Occidente a quien sus contemporáneos otorgaron el título de doctor. Conociendo cómo era Occidente en su tiempo y cuál era la situación general de la mujer, la cosa tiene su mérito, un gran mérito.

Retrato anónimo de Lucrezia Piscopia que se conserva en la Biblioteca Ambrosiana de Milán.

Lucrezia nació en Venecia, en el palacio Loredano, en una familia noble, de un padre, Giovanni Battista Cornaro-Piscopia, que era procurador de San Marcos y de una madre, Zanetta Boni, que era de humilde extracción. El hecho de pertenecer a una familia rica y noble, una familia que vivía en la legendaria Plaza de San Marcos, determinó que a ella, una mujer, se le diera una educación esmerada en todos los campos. Quizá no habría sido así si Lucrezia hubiera respondido de un modo menos espectacular, pero es que el talento de la alumna era bastante inusual, digamos que asombroso. Dominaba con facilidad los idiomas, que empezó a estudiar a los siete años y en cuyo campo pronto se hizo acreedora del título de *oraculum septilingue*, ya que hablaba con naturalidad en latín, griego, árabe, francés, hebreo, español y en su lengua propia. También tenía aficiones musicales: componía y tocaba el arpa, el clavicémbalo, el clavicordio y el violín, o sea, casi todos los instrumentos señoriales que podían tocarse en su época. En sus estudios propiamente dichos no andaba nada mal, pues progresaba mucho en filosofía —literatura, retórica y lógica—, teología, ciencias y, cómo no, en matemáticas, incluyendo astronomía. Sus grandes amores eran la filosofía y la teología.

En lo único que no progresaba era en interesarse por las vanidades de este mundo: a pesar de que no le faltaron halagüeñas propuestas de casamiento, Lucrezia las fue eludiendo una tras otra, pues su vocación secreta era tomar los hábitos y hacerse monja. En 1665 ya consiguió hacerse oblata, aunque no monja de pleno derecho. Pero mucho antes, a los 14 años, ya había hecho votos de castidad; nada de aventuras estilo Romeo y Julieta.

Su padre anhelaba que su brillante retoño fuera doctora, toda una consagración, y Lucrezia se postuló para el puesto por la Universidad de Padua. «Los teólogos —decía con irreverencia Spinoza— son como los cerdos: le retuerces la cola a uno y gruñen todos». A los insignes teólogos italianos les sucedía lo que denunciaba Spinoza: como un solo hombre —o como un solo teólogo— todos se oponían a concederle a Lucrezia un doctorado en teología. Era demasiado para una mujer, aunque fuera tan inteligente como parecía Lucrezia. Con las cosas de comer no se juega, dice la sabiduría popular. Con las cosas sagradas tampoco, decían los teólogos. Pero tanto fue el cántaro a la fuente que los teólogos se vieron obligados a ceder en algo. Les llegaban presiones de todas partes y, aunque no accedieron al todo, sí que accedieron a una parte. Lucrezia podía optar a un doctorado en filosofía, un campo menos peligroso que el teológico.

El 25 de junio de 1678 una Lucrezia de 32 años se presentó ante la docta asamblea, en Padua, para ser examinada. Había tanta expectación que a la sesión acudieron gentes de Bolonia, Perugia, Roma y Nápoles, amén de sus numerosos amigos, muchos de alto rango, de Venecia. Hubo que habilitar de modo inusual la catedral para el acontecimiento. Cuentan los cronistas que Lucrezia disertó en latín sobre abstrusas preguntas acerca de los escritos de Aristóteles, reduciendo a la mudez a sus sabios examinadores, obviamente inferiores a ella en conocimientos. Al final reconocieron su sabiduría y le otorgaron el grado de doctor, invistiéndola con el anillo de doctor, la capa de armiño profesoral y la corona de laurel de los poetas, distintivos de su nuevo título.

Nombrada luego miembro de varias academias europeas, los siete años de vida que le restaban los dedicó de modo ejemplar a ampliar sus conocimientos y al ejercicio de obras caritativas. Dio clases de matemáticas en la universidad de Padua.

Falleció de tuberculosis antes de cumplir los 40 años y fue enterrada revestida con su hábito de benedictina oblata en Padua, donde la recuerda una estatua. Los científicos pueden consultar sus escritos —no escribió nada especialmente relevante o escandaloso—, pues los editaron en Parma a los cuatro años de su muerte.

Vitral del Vassar College (Nueva York, Estados Unidos) que reproduce la escena final del doctorado de Lucrezia Piscopia. Ya luce la capa de armiño y espera a que se le imponga la corona de laurel.

La posteridad ha hecho de la fama de Lucrezia Piscopia un uso desigual. Para el entorno feminista es una figura mítica; para los matemáticos es una figura relevante, esencial para su tiempo; para otros más mundanos, en cambio, el nombre de Piscopia se encarna en algo un tanto frívolo. La compañía Schaefer Audrey Yarn denomina *Piscopia* a una línea de madejas de seda artificial y lana; hay otras variedades, bautizadas, por ejemplo, Mae West, Josephine Baker o Calamity Jane. No es mala compañía para una cuasimonja matemática.

El Siglo de las Luces

Inteligencia: conócete, acéptate, supérate.
Agustín de Hipona, obispo y santo

El denominado Siglo de las Luces no le debe su nombre precisamente a la iluminación urbana, aunque es cierto que por aquella época las ciudades empezaron a dejar de ser oscuras como boca de lobo. Los que se iluminaron fueron los espíritus: de la cerrazón e ignorancia sobre casi todo se pasó, por la influencia de la razón y la cultura, a considerar al ser humano como poseedor de algo llamado libertad. Por el momento sólo se apercibieron de ello y lo aceptaron unos cuantos. Cuando el número de los que lo aceptaron sobrepasó la masa crítica (sucedió en Estados Unidos y en Francia), el mundo empezó a cambiar aceleradamente.

En los primeros años de este siglo ilusionante destacan dos figuras femeninas en las que nos entretendremos.

GABRIELLE ÉMILIE LE TONNELIER DE BRETEUIL, MARQUESA DE CHÂTELET (1706-1749)

Si con Hipatia la matemática femenina entró en la historia, con Émilie de Breteuil la matemática entró en Hollywood. En pocas vidas científicas encontraríamos tantos ingredientes para escribir un buen guión: inquietud social, feminismo *avant la lettre*, pasiones desatadas, ludopatía, intentos de suicidio, privilegios de la nobleza, hijos naturales y, para darle un toque intelectual, Voltaire y Newton. Un cóctel explosivo, vaya. La historia completa y detallada de Émilie es quizá demasiado larga para contarla con detalle, y sus aventuras matemáticas un tanto difíciles para seguirlas sin fatiga en una biografía divulgativa y convencional; además, hay abundantes libros —y hasta algunos excelentes, ilustrados como cómics— que glosan su figura. Así y todo, vale la pena asomarse a su mundo.

Émilie de Breteuil (más tarde, a veces firmaba como Breteuil Duchatelet o Madame la Marquis de Chastellet) nació en 1706, en pleno reinado de Luis XIV, el Rey Sol, y en un entorno de la nobleza donde no le faltaba casi nada. La suya era *noblesse de robe*, es decir, nobleza debida al servicio público. Al pueblo que la rodeaba, en especial al final de su vida, sí que le faltaba algo: un intangible llamado «libertad»; pero ésa es otra historia.

Su padre, Louis Nicolas, no era un personaje vulgar según nos dicen las crónicas. El rey le nombró al casarse, ya mayor, introductor de embajadores, y desempeñó muy bien su cargo. Aún mejor lo hizo como educador, pues, contrariamente a los usos de la época (y a la opinión materna) le dio a su hija la oportunidad de adquirir conocimientos, como si fuera un varón más; incluso recibía clases de esgrima, aparte de equitación y gimnasia. A Émilie, por ejemplo, siempre le gustó cazar. Era costumbre en su tiempo que sólo estudiaran los varones y que las muchachas, al cumplir los siete años, fueran enviadas a un convento para ser educadas allí conforme a lo que entonces se suponía que debían ser las tareas distintivas de una dama: se descuidaba, por ejemplo, la escritura o la lectura, pero se les daba un barniz de danza, canto, bordado, tejido y catecismo. Con eso y una dote, ya tenían a las mujeres listas para el objetivo para el que habían venido al mundo: casarse y tener hijos, a ser posible del marido. Y teniendo en cuenta lo que era la vida fuera de la nobleza, en la calle o en el campo, en el mal llamado Siglo de las Luces, la verdad es que no estaba mal.

Émilie no sólo era curiosa, sino muy inteligente, y enseguida destacó en los idiomas —una constante en todas las mujeres que hemos tratado—: a los 12 años dominaba el español, el alemán, el italiano y el inglés, amén de traducir con total soltura del latín y del griego. Su carácter se desarrolló notablemente por la pendiente racionalista, se leyó hasta casi devorarla la inmensa biblioteca de su casa y es fama que debatía de temas astronómicos hasta con Fontenelle, asiduo visitante del concurrido salón de sus padres —que recibían los jueves—. Por cierto, también se dejaba caer por el salón un joven escritor, poeta y polemista denominado Voltaire. Como es natural, la marquesa era un pequeño genio matemático en agraz. Y, no obstante, tenía tiempo para cabalgar y para la ópera y el teatro, aficiones que no la abandonaron nunca.

A los 16 años, Émilie fue oficialmente presentada ante la corte, ambiente repleto de vanidades mundanas, como vestidos, zapatos, cosméticos y joyas que le parecieron siempre objetos adorables. Al poco, cuando Émilie cumplió los 19, sus papás la casaron con Florent Claude, marqués de Châtelet-Lamon, y ella emprendió felizmente una vida de casada noble y rica, sin olvidarse de seguir estudiando, que era una actividad placentera para ella. Tuvo descendencia viva, niño y niña, y a los 27 años, ya cumplidos sus deberes para con el mundo y su marido, le comunicó a éste su deseo de vivir por su cuenta. Seguiría casada y llevando el magnífico tren de vida de siempre, a costillas de la fortuna familiar, pero fuera ya de la custodia marital. Eso implicaba, dicho en otras palabras más crudas, que su marido le concedía permiso para buscarse amantes, viajar, asistir en Versalles a lo que quisiera, frecuentar la ópera o los teatros, jugar a las cartas —las matemáticas la ayudaban a ganar, y las ganancias las invertía en comprar libros—, leer y estudiar, escribir lo que le pareciera... en fin, para acercarse al paraíso terrenal. Hay que comprender que, descontada la buena voluntad de Florent, tales arreglos no eran raros entre la nobleza más tolerante de la época, y que las repetidas ausencias del señor marqués para comandar su regimiento lorenés lo tornaban todo más fácil. En cuanto a los hijos, la señora marquesa los encontraba más molestos que otra cosa, pero en eso se parecía mucho a las mujeres de la nobleza de su tiempo.

La marquesa de Châtelet en un retrato del pintor francés Nicolas de Largillière.

La nueva libertad le sentó algo mal a Émilie, que quedó prendada de un conde —que iba libando de flor en flor—, e incluso llegó a un intento romántico de suicidio cuando el conde se cansó de ella y de su pasión. Escarmentada, Émilie se dedicó con más intensidad a los estudios y menos a los hombres. A ello la ayudó un matemático emérito, Moreau de Maupertuis (1698-1759) —que también fue amante suyo—, quien tuvo que interrumpir sus lecciones para marcharse de expedición al Polo Norte, donde demostró, midiendo el meridiano en la zona polar, que era más corto que en la zona ecuatorial —mediciones realizadas en Perú, entre otros, por Jorge Juan y Antonio de Ulloa—, y que, por tanto, el globo terrestre estaba achatado por los polos. Las mediciones del meridiano traerían cola, pues se demostraba así que un inglés, Newton, tenía razón, contra la opinión de las corrientes imperantes de los Cassini, Réaumur y compañía. Émilie no se quedaba sin matemático, pues Maupertuis puso a su alumno, el luego eminente Alexis Claude Clairaut (1713-1765), para sustituirle cuando le apretaba el trabajo —sustituirle en todo, hasta en el lecho—. Tanto Maupertuis como Clairaut formaban parte de la llamémosle jauría de jóvenes leones de adscripción newtoniana que pondrían la semilla de la después gloriosa escuela matemática francesa.

Cuentan muchas fuentes una anécdota relacionada con Maupertuis que merece relatarse. Las sesiones de la Academia de ciencias eran, cómo no, un privilegio masculino, y si Émilie deseaba saber qué se había cocido en alguna de ellas, tenía que esperar a que se lo contasen en su casa. Salvo que se lo contaran cerca de la Academia, en un café cercano, pongamos por caso. Pero eso tampoco era posible, pues el absurdo entramado de normas antifemeninas prohibía a las mujeres el acceso a las reuniones en los cafés. Total, que ante tanto impedimento la marquesa acudió a ver a Maupertuis al Café Gradot... vestida de hombre. La dejaron pasar, un tanto perplejos, porque, obviamente, era una mujer, y Émilie asistió sin más cortapisas a la reunión de sabios. Luego repitió la suerte.

Voltaire y Émilie

Suena como Pablo y Virginia, Abelardo y Eloísa o Romeo y Julieta y no es un símil desprovisto de sentido. En 1734, Voltaire sufría una de sus frecuentes persecuciones por la justicia por decir lo que la justicia o la patria no querían oír, y Émilie se indignó y recurrió a su marido. Ellos esconderían a Voltaire en su posesión entonces abandonada de Cirey, en las profundidades inescrutables de Lorena. Voltaire emigró a Cirey, Émilie se reunió allí con él, se convirtió en su amante y juntos iniciaron una odisea del pensamiento que duraría, con altibajos, hasta la muerte de Émilie.

Cirey se convirtió en uno de los centros intelectuales de Europa, que visitaban muchos amigos de la pareja. El mismísimo Federico El Grande, el rey ilustrado, se carteó con Émilie; también lo hicieron, por ejemplo, Bernoulli y Jonathan Swift. La biblioteca de Cirey creció hasta los 21.000 volúmenes, una cifra enorme para su época; es como tener una universidad en casa. Voltaire no abandonó su literatura, pero dedicó ahora mucho tiempo y esfuerzo a las ciencias y a comprender realmente el funcionamiento del mundo. En realidad él y la marquesa se interesaban por casi todo: metafísica, filosofía moral, física, ciencias naturales, historia y deísmo.

Cuesta un poco entender el curioso *ménage à trois* de Cirey, pues Florent, el marqués, aparecía de cuando en cuando, pero aparecía. Voltaire, que era rico, le pidió un préstamo de 40.000 francos para adecentar Cirey. A Florent le pareció de perlas, pues así ganaba una residencia en Lorena y un deudor acaudalado. Uno de los primeros regalos de Voltaire a Émilie fue un lujoso baño. Entre 1741 y 1755 se publicó en Europa la *Décade de Augsburg*, algo que se parecía bastante, guardando las distancias, a lo que sería el actual *Who's who*, y la marquesa de Châtelet figuraba allí, entre la gente chic, importante y erudita.

De tarde en tarde, la marquesa visitaba la corte y ejercía de marquesa. Poco imaginaban las damas que jugaban partidas de cartas con la reina —contaba un irónico Voltaire— que estaban sentadas junto a una jugadora que comentaba a Newton en la intimidad de su casa. Y que normalmente ganaba, pues su mente era mucho más rápida y precisa que la de sus compañeras de mesa.

Émilie escribía e investigaba. Cuando discutía con Voltaire lo hacía en inglés, para que no se enterara el servicio. Luego hablaremos en concreto de sus elucubraciones, interrumpidas en muchas ocasiones por representaciones de ópera y teatro. La hija de Émilie, que era «educada» en un convento, tenía siempre permiso para asistir en Cirey a tales actos.

En 1744 acaeció la inevitable crisis sentimental; la explosión se produjo a causa de una infidelidad particularmente dolorosa de Voltaire. Émilie y Voltaire se separaron y dejaron de vivir formalmente como marido y mujer, bajo un mismo techo, aunque no por ello dejaron de ser amigos y colegas. Ella se dedicó en cuerpo y alma a la gigantesca tarea de traducir los *Philosophiæ naturalis principia mathematica* de Newton al francés (algunos de sus antagonistas la motejaban «*milady* Newton»). Se dedicó también a casar adecuadamente, es decir, con un marido rico y noble, a su hija. En uno de sus viajes conoció y se enamoró del marqués de Saint Lambert, y en 1748 se dio cuenta de que estaba embarazada. Era ya una «cuarentona», bella aún pero embarazada, y los nubarrones oscurecieron algo el horizonte; se apresuró a culminar su traducción de Newton y afrontó el parto. Todo parecía haber ido bien, y Voltaire, el padre de la criatura —una niña— y Florent estuvieron presentes para rodearla de atenciones. Pero también estaba al acecho la entonces temible fiebre puerperal, y primero Émilie y luego la niña fallecieron.

LA FUERZA VIVA

El propio Newton concedió gran importancia a la conservación del momento, producto de la masa por la velocidad, $m \cdot v$, y lo interpretó como la energía de que disponía un cuerpo en movimiento. De pasada, eliminó de un plumazo molestos conceptos cartesianos, como el de fuerza intrínseca. Sin embargo, Émilie siguió los pasos de Leibniz y de su *vis viva* (éste tomó la idea de Huygens), esa fuerza viva de la que habla la posteridad, que se designa por mv^2 y que lleva consigo un pequeño exponente, un dos que lo identifica como lo que hoy llamamos energía cinética.

Los experimentos del holandés Willem's Gravesande (1688-1742) la ayudaron a convencerse. Éste hizo caer balas metálicas sobre un lecho de yeso, notando que una bola lanzada a una velocidad $2v$ no dejaba una huella el doble de profunda que la de una bola de velocidad v, sino que la huella era cuatro veces más profunda. Y a una velocidad $3v$ le correspondía una huella $3^2=9$ veces mayor. Por tanto, la energía no debía ser proporcional a v, sino a v^2. La señora marquesa tenía razón, y ahí radica, en un simple cuadrado, la energía del cuerpo que se mueve. La independencia de criterio de Émilie, que antepuso lo que ella creía cierto (la visión de Leibniz) a su adorado Newton, es una actitud tan magnífica como perspicaz.

Voltaire escribiendo los Éléments de la philosophie de Newton, mis à la portée de tout le monde *(1738), aunque en realidad el libro es de la mano de Voltaire y la marquesa. Su escrito está iluminado desde los cielos por una luz sobrenatural (¿procedente del propio Newton?) reflejada en un espejo que sostiene una ninfa que resulta ser Émilie de Châtelet. Voltaire la llamaba «madame Pompon Newton de Châtelet» por su amor simultáneo a Newton y a los vestidos.*

Una obra impresionante

En 1737, la Academia de las Ciencias francesa anunció la apertura de un concurso público destinado a ensayos sobre la naturaleza del fuego, y Voltaire y Émilie decidieron participar. Empezaron sus experimentos sobre el fuego, calculando temperaturas, calentando sustancias, pesando residuos y, en pocas palabras, poniéndose perdidos y, lo que es peor, difiriendo en muchas de sus conclusiones. Émilie, en los ratos en que no compartía el trabajo con Voltaire, decidió experimentar por su cuenta y presentar una memoria propia, de modo independiente. El premio del concurso lo ganó una luminaria de la época, Euler, pero ambos demostraron su excelente categoría intelectual y sus trabajos fueron premiados. El escrito de Émilie se titulaba *Dissertation sur la nature et la propagation du feu*, y en él ya aparecían puntos de vista leibnizianos y deducciones de primera línea: por ejemplo, sostenía que los rayos lumínicos de distinto color no proporcionan el mismo calor, lo que es un completo acierto. Una de las conclusiones del ensayo es que realmente no se sabe qué es el fuego; hubo que esperar decenios para que la química explicara el fenómeno de la combustión.

Podríamos disertar largo y tendido sobre el *Discours sur le bonheur*, obra sin duda admirable (en ella se encuentra la célebre sentencia «*Quien dice sabio, dice feliz, al menos en mi diccionario*»), pero como se trata de algo muy poco matemático dejaremos sin más comentarios este terreno, como tampoco trataremos la polémica escrita sostenida con el pobre Jean-Jacques Dortous de Mairan, secretario permanente de la Academia de las Ciencias de París, a quien la marquesa apabulló hasta el ridículo. No comentaremos tampoco sus textos de orden religioso (*De l'existence de Dieu*), pues sólo nos serviría para poner de nuevo en evidencia que nada se libraba, ni la religión, de las afiladas neuronas de Émilie.

En 1740 vieron la luz, en 450 páginas, las *Institutions de physique*, que aunque no lo parezca, era un libro de divulgación, pensado para que su propio hijo —y por ende toda la juventud— pudiera sumergirse en los principios de la física.

Se trata de una síntesis brillante y anticonvencional de Descartes, Leibniz y Newton, autores de corrientes del pensamiento en parte antitéticas. Como se ha dicho ya con acierto y gracia, Émilie no estaba de acuerdo con los remolinos y vórtices de Descartes, con las mónadas de Leibniz ni con el determinismo extremo de Newton, que obligaba a dios a actuar de cuando en cuando como relojero universal; había que tomar lo bueno de cada uno. La obra estaba tan bien escrita que la marquesa de Châtelet fue nombrada por ello miembro de la Academia de Ciencias de Bolonia. Su citar continuo a Newton en esa obra fue el desencadenante de la desgraciada (para él) polémica con Mairan. Éste protestó ante tan antipatriótica osadía y no se le ocurrió nada mejor que acusar a la marquesa, por escrito, de citar a Newton sin saber muy bien de qué hablaba. Pobre Mairan, osar decirle a la marquesa que no había leído a Newton.

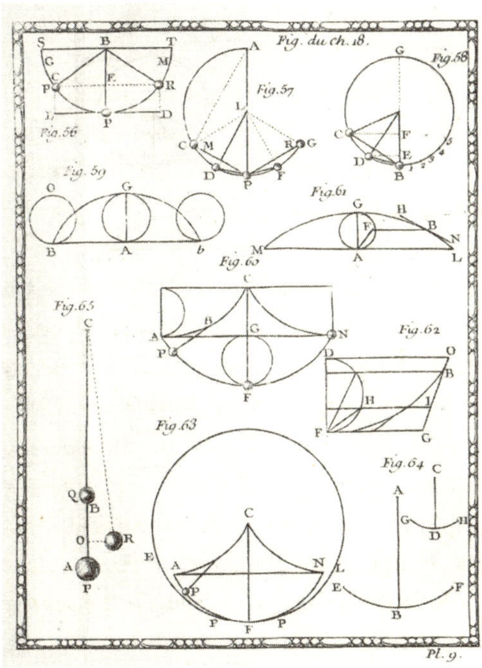

Lámina del libro Institutions de physique.

Dejando aparte otros escritos no estrictamente matemáticos, la gran tarea de la marquesa es reverenciada, sobre todo en Francia, por la traducción completa y comentada de la obra suprema de Newton —y quizá de toda la ciencia—, los tres tomos de *Philosophiæ naturalis principia mathema-*

tica, que el gran genio inglés publicó en latín en 1687 y de la cual hizo después tres versiones más completas; la tercera es la que le sirvió de base a la marquesa para su traducción.

Dejando aparte la Biblia y algún que otro libro más, dado que hay quien piensa que no son de autoría humana, de entre los libros que podemos llamar convencionales, *Philosophiæ naturalis principia mathematica* es considerado, por muchos, el más importante de los que se conservan. Otros destacan por el número indirecto de muertos que han originado, por la imaginación desbocada que ponen de relieve o por la hermosura de su estilo. Pero lo cierto es que el libro que abrió las puertas de la ciencia y la técnica contemporáneas fue el de Newton, los *Principia*, como los llaman los entendidos con cierta displicencia (en realidad, casi nadie los ha leído, y menos en latín).

No sé si el lector se apercibe, pero la tarea de traducir los *Principia* es absolutamente c-o-l-o-s-a-l, una hazaña soberbia para la que se necesita, sobre todo, una calificación matemática de primera fila, pues la obra original es un tratado matemático en latín plagado de figuras y fórmulas, y no precisamente fáciles de entender. De hecho, tras la traducción al francés de la marquesa nadie más ha realizado otra, pues en primer lugar era muy difícil mejorarla y, en segundo lugar, era una pesadilla para cualquiera que lo intentara. A lo mejor aparece cualquier día una versión digital, pero directamente y en papel la cosa no parece probable. No se trata de una simple traducción, sino que va acompañada de comentarios, aclaraciones —cuando tropezaba con algo que no dominaba, lo preguntaba, como atestiguan sus consultas a Buffon— y una sección modélica donde se aplican las técnicas del nuevo cálculo a las afirmaciones más comprometidas del propio Newton. Su traducción fue lo que la absorbió en el último periodo de su vida; un parto a los 43 años era muy arriesgado en aquellos tiempos, y el temor a la muerte debió de rondar por la cabeza de Émilie. Terminó la tarea unos días antes del alumbramiento y se cumplieron casi diez años hasta que la obra estuvo lista para publicarse, con un prólogo, cómo no elogioso, del propio Voltaire. Digamos que cuando Émilie notó que las cosas iban mal y que quizá no superaría el posparto, se hizo traer el manuscrito de la traducción y estampó sobre él la fecha del día: 10 de septiembre de 1749. Fue su postrer acto científico.

LOS *PRINCIPIA*

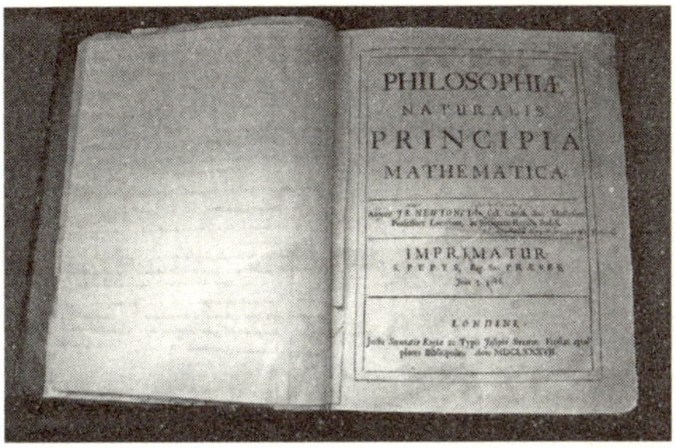

Ejemplar de la primera edición de los Principia *de Newton.*

Los *Principia* tratan de física y matemáticas. En ellos se encuentran resultados preexistentes, antes desordenados y dispersos, ahora ordenados y justificados, y también se encuentran teorías nuevas que tardaron algo en ser aceptadas por todos —por ejemplo, la ley de gravitación universal— y métodos de cálculo revolucionarios. Es muy difícil, extenso y bastante aburrido explicar, siguiendo el índice, el contenido de los tres libros. Limitémonos a decir que el libro I de los *Principia* está dedicado principalmente a la mecánica, siguiendo a Kepler y Galileo, con una breve exposición de los métodos infinitesimales. El libro II está escrito, sobre todo, para dinamitar los vórtices cartesianos y creencias relacionadas, pero digamos que habla sobre todo del movimiento en medios resistentes. El tercero se denomina *De mundi systemate* (*Sobre el sistema del mundo*) y no hace falta decir que es, sobre todo, un tratado de astronomía, por cierto, soberbio, avasallador. De la obra total se hicieron andando el tiempo tres ediciones, cada vez más completas.

El cálculo diferencial e integral va destilándose a través de los fenómenos físicos que se estudian, si bien en un lenguaje más bien geométrico y con una notación matemática un tanto desafortunada (es claramente superior la notación de Leibniz). El responsable último de los *Principia* parece haber sido Edmund Halley (1656-1742), que sacó a colación la ley de los cuadrados inversos a la distancia y las elipses en una conversación que sostuvo con el poco comunicativo Newton. Tras darse cuenta de que Newton era poseedor de un gran número de conocimientos y métodos que la sociedad científica ignoraba, Halley consiguió persuadirlo de que lo pusiera por escrito. Newton se puso a la tarea y pronto su dedicación al libro adquirió proporciones torrenciales: llegó al extremo de abandonar durante un tiempo sus amados experimentos alquímicos, que apreciaba por encima de todo. En 1686, el ilustre Samuel Pepys, presidente de la Royal Society, otorgó el imprimátur. Los volúmenes se publicaron, pagándolos Halley de su bolsillo, pues una *Historia de los peces* había consumido ya todos los fondos para libros de la sabia sociedad.

Tras la muerte de Émilie, Voltaire dejó escritas estas palabras: «No es una amante lo que he perdido sino una mitad de mí mismo, un alma para la cual mi alma parecía haber estado hecha». A Federico II le escribió a su vez algo menos íntimo: «He perdido un amigo (sic) de 25 años, un gran hombre que no tenía otro defecto que ser mujer, y que todo París echa en falta y honra».

Dice el escritor David Bodanis que a Kant le costaba creer que una mujer como la marquesa de Châtelet fuera tan inteligente; lo encontraba tan ridículo como imaginar a la mujer barbuda. Y, sin embargo, es posible: la marquesa era tan inteligente como se decía. La posteridad ha sido generosa con Émilie, sobre la que se han escrito multitud de libros y sobre cuya obra se han llevado a cabo múltiples exposiciones. Un gran honor, aunque tan habitual entre las grandes figuras de la ciencia que ya casi se nos antoja obligado, es la imposición de su nombre a un cráter de Venus. En un campo más terrenal, el conocido compositor contemporáneo Kaija Saariaho le ha dedicado una ópera, *Émilie*, estrenada en 2010 en la ópera de Lyon, con Karita Mattila como protagonista. Eso sí que le hubiera gustado.

MARIA GAETANA AGNESI (1718-1799)

Contrariamente a otras figuras matemáticas femeninas, Maria Agnesi tiene una biografía nada tempestuosa. Vivió como una dulce paloma, se hizo probablemente monja, eligió el cultivo de la religión y la pobreza hasta llevar una existencia pía, no escribió nada inoportuno o molesto —aunque sí inaudito, como veremos— y murió como un pajarito o, como reza el tango, sola, fané y quizá descangayada.

Una vida apacible

A Maria Agnesi, que nació y falleció en Milán, le han cantado las virtudes *in absentia*, con posterioridad a su muerte. Si se hojea un atlas de Venus se encuentra un cráter con su nombre: es un tributo común a los grandes científicos, aquellos a los que la posterioridad reconoce como los mejores y han conseguido no sólo la fama, sino la excelencia.

El padre de Maria, Pietro Agnesi, no era un profesor universitario como se creyó durante un tiempo, sino un comerciante enriquecido que hizo su fortuna con la seda. Tuvo lo que para una mentalidad contemporánea es una barbaridad de hijos: 21, de los que sobrevivieron, andando los años, muy pocos; era lo normal en la época. En cualquier caso eran muchos hijos, y Maria, que era la mayor, tenía a su cargo la responsabilidad de criarlos.

La via Agnesi de Milán discurre por las proximidades de la via Bach; será casualidad, pero hay aquí dos cosas que unen a las familias Agnesi y Bach: el número de hijos y el sonido de la música. Una de las hermanas de Maria Gaetana, llamada Maria Teresa Agnesi, adoraba la música y llegó a ser una compositora apreciada en su tiempo y en la posteridad. Se le conocen siete óperas y numerosas piezas instrumentales, de las que pueden escucharse grabadas numerosas composiciones para clave. Quien quiera saber qué aspecto tenía sólo tiene que ir al museo de La Scala de Milán, donde cuelga su retrato.

Maria Gaetana Agnesi.

La vida de Maria transcurría entre niños, música y reuniones sociales, muy numerosas en casa de los Agnesi, tanto más cuanto que su padre lucía en ellas el talento soberbio de su hija mayor, políglota consumada —a los nueve años hablaba latín, griego y hebreo, amén de cuatro idiomas modernos; el francés ya lo dominaba a los cinco—, niña prodigio en todos los sentidos y que no retrocedía ante tema filosófico o científico alguno. A los nueve años ya tradujo al latín y pronunció una alocución sobre las virtudes de dar una educación de alta calidad a las mujeres (el texto se supone que era de sus tutores). Era capaz de discutir sobre cualquier tema, y su padre la exhibía, quizá sin proponérselo de modo explícito, como exponemos los raros tesoros que tenemos en casa; él tenía en la suya un genio y no era cuestión de ocultarlo. Hay que mencionar aquí que el ambiente de la Italia del siglo XVIII no lo reprobaba: contrariamente a la imagen de la mujer como un ser desprovisto de otra utilidad que llevar el hogar y parir niños, en Italia, la patria del Renacimiento, no estaban mal vistas las mujeres con talento. En aquella época, en otros países menos ilustrados se consideraba incluso pecaminoso que una mujer supiera leer y escribir, pues de la oportunidad nace el peligro, y las tentaciones y el pecado acechaban a las desdichadas mujeres que sabían leer y escribir. Sólo se toleraba la mujer no analfabeta cuando moraba en un convento o vestía hábitos de monja.

A Maria la exhibición de sus talentos no la hacía especialmente feliz, pues siempre fue muy retraída. En su caso, la consecuencia de tanta reunión salonística fue la publicación del libro *Propositiones philosophicae*, que apareció en 1738 y que contiene sus ideas sobre todo lo divino y lo humano divididas en 171 tesis, aunque vistas desde el lado divino, pues la autora mostraba ya una manifiesta religiosidad. Entre los temas tratados están la teoría de las mareas, el apoyo a las opiniones de Newton, el origen de la luz o las propiedades de ciertas curvas geométricas.

Los 21 hijos no los tuvo el padre de Maria de una sola mujer. Para conseguir tan elevado rendimiento reproductivo dentro del sagrado sacramento del matrimonio, Pietro Agnesi necesitó apoyarse en tres esposas. Cuando falleció la primera, parece que Maria, que entonces contaba 20 años de edad, tuvo una seria conversación paternofilial y obtuvo, a cambio de la promesa de seguir ocupándose de la numerosa familia, la seguridad de no verse obligada a ser el florón de todas las reuniones. Renunció también a ingresar en un convento, pero, por fortuna para la ciencia, no renunció a las matemáticas. Entre sus varios amigos matemáticos figuraba Jacopo Francesco Riccati (1676-1754), el célebre experto —para los especialistas de las ecuaciones diferenciales— que incluso le envió a Maria material inédito para que lo incluyera en las futuras *Instituzioni*.

De la contribución de Maria Agnesi a las matemáticas hablaremos enseguida, pero terminemos ahora su decurso vital. En aquella época empezó la redacción de su único pero voluminoso texto matemático, las *Instituzioni*. Parece que todo discurrió apaciblemente en su entorno: dio término a su libro y se publicó. Su fama como matemática estaba ya consolidada y había llegado a conocimiento del Papa reinante, Benedicto XIV. Éste, orgulloso de que una italiana fuera tan conocida y sabedor de sus excepcionales dotes hizo que, hacia 1750, se la nombrara titular de la cátedra de Bolonia; al pertenecer tal ciudad a los estados pontificios, el Papa se limitaba a tomar decisiones en su propio patio trasero. Había recibido el libro de Maria Gaetana y, aunque es muy presumible que no entendiera nada, quedó muy impresionado. Por desgracia, es casi seguro que Maria no ocupó la cátedra, no porque no lo mereciera, sino porque el destino intervino a favor de sus ansias de paz y religiosidad. En cualquier caso, figuró como miembro electo de la Academia de Ciencias de Bolonia.

La emperatriz Maria Teresa de Austria, a quien se dedicaba el libro, obsequió a Maria con una cajita, según dicen, de cristal, adornada con unas piedras preciosas en la tapa; también le hizo llegar un anillo de diamantes.

INSTITUZIONI
ANALITICHE
AD USO
DELLA GIOVENTU' ITALIANA
DI D.NA MARIA GAETANA
AGNESI
MILANESE
Dell'Accademia delle Scienze di Bologna.
TOMO I.
IN MILANO, MDCCXLVIII.
NELLA REGIA-DUCAL CORTE.
CON LICENZA DE' SUPERIORI.

Portada de las Instituzioni.

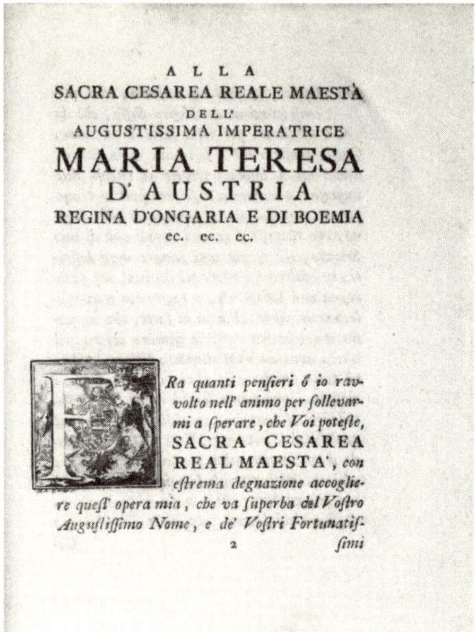

ALLA
SACRA CESAREA REALE MAESTÀ
DELL'
AUGUSTISSIMA IMPERATRICE
MARIA TERESA
D'AUSTRIA
REGINA D'ONGARIA E DI BOEMIA
ec. ec. ec.

FRa quanti penſieri ò io ravvolto nell' animo per ſollevarmi a ſperare, che Voi poteſte, SACRA CESAREA REAL MAESTA', *con eſtrema degnazione accogliere queſt' opera mia, che va ſuperba del Voſtro Auguſtiſſimo Nome, e de' Voſtri Fortunatiſ-*
2 *ſimi*

Dedicatoria de las Instituzioni, *dirigida a María Teresa de Austria.*

El patriarca Agnesi falleció en el año 1752, y Maria, liberada ya de todo vínculo, se dedicó a los estudios teológicos, al parecer se hizo monja y fue puesta al frente del Pio Albergo Tribulzio de Milán, una institución dedicada al cuidado de pobres y menesterosos. El hospicio y los miembros del mismo también eran pobres de solemnidad. Es muy probable que Maria se hiciera formalmente monja y abandonara las pompas y tentaciones de este mundo para ocuparse en exclusiva del otro y de los pobres de la institución, con el consiguiente abandono de distracciones científicas. De hecho, no le importaba ser una matemática célebre. En cierta ocasión, ya en el Pio Albergo, le solicitaron que comentara un texto sobre cálculo variacional del entonces joven prodigio y científico turinés Joseph-Louis Lagrange (1736-1813); Maria rehusó argumentando que ya no prestaba atención a tales cosas.

En 1799 Maria Agnesi falleció, según parece, tan pobre como había deseado, ya que se cree que vendió todos sus bienes para dedicarlos a la gestión del hospicio. Hacía diez años de la toma de la Bastilla.

Una obra clara

Lo primero en que trabajó Agnesi, desde el punto de vista matemático, fue en anotar y comentar un texto del marqués de l'Hôpital sobre las curvas cónicas; nunca publicó esta obra de juventud. Su obra matemática publicada podemos reducirla a un solo libro, el titulado, para abreviar, *Instituzioni*, que trata sobre todo de cálculo diferencial e integral, cuya escritura —en italiano del tipo del de Dante Alighieri, o sea, en dialecto toscano— emprendió cuando era veinteañera y no dio a conocer hasta 1748. Es posible que iniciara la redacción pensando en realizar algo destinado a sus hermanos menores, pero luego se le calentó la mano. No escribió ya nada más en el mundo de lo publicado, pero es suficiente por muchas razones. Primero, porque es un texto de matemáticas consultable, todavía existente, el primero —hasta ahora— que ha sobrevivido a los azares del tiempo. Segundo, por su claridad: está redactado con tal transparencia y la concatenación lógica de resultados antes dispersos tan bien conseguida, que el libro, en dos volúmenes, da gusto leerlo. Es excepcional y da la sensación, por su título completo, *Instituzioni analitiche ad uso della gioventù italiana*, de que la autora se hubiera propuesto ponerlo realmente al alcance de todos los lectores. La notación está tan escogida y es tan moderna que se ha dicho muchas veces que, aun sin alterarlo en una coma, incluso hoy podría parecernos inteligible. Maria Agnesi se molestó en recurrir a la notación de maestros como Euler para pergeñar su obra.

La tercera razón para resaltar la obra de Agnesi ya es más profunda: Europa estaba científicamente dividida en dos bandos, el llamémosle «insular», o seguidor a ultranza de las doctrinas, modo de explicarlas y notación del insular Isaac Newton y el «continental», que se inclinaba por Leibniz. Se pertenecía a uno u otro bando, como en el pasado a tirios o troyanos, a mahometanos o cristianos o, como en el presente, a hinchas de equipos de fútbol rivales. Maria consiguió algo en aquel entonces muy difícil: una exposición en la que se armonizaban ambos puntos de vista —que intelectualmente son equivalentes—, extrayendo lo mejor de cada uno de ellos de un modo modélico. Desde otro punto de vista hay que notar que Maria pone el acento en que las dos operaciones básicas del análisis, la diferenciación y la integración, son operaciones inversas la una de la otra; ésa es una visión muy moderna del asunto.

El libro fue considerado en su día el más inteligible y completo aparecido desde la obra del marqués de l'Hôpital, más de 50 años antes. Un detalle nada trivial: el texto contiene láminas que hacen la lectura mucho más fácil. En una época en la que la imprenta era todavía un arte en desarrollo, la inclusión de láminas representaba todo un lujo pedagógico. Maria trasladó el taller de imprenta con sus máquinas a su propia casa para controlarlo todo mejor. Las páginas contaron con anchos márgenes y una tipografía grande y legible.

Las *Instituzioni* no tuvieron un gran éxito cuando aparecieron, como corresponde al tema y a la poca resonancia que en aquella época tenían las obras científicas que no eran de estricta creación y no aportaban descubrimientos nuevos; su publicación se sufragó a cargo de la fortuna Agnesi. Hay que darle a las *Instituzioni* el valor que tienen: la propia autora aspiraba a que enseñaran el análisis partiendo de muchos y bien escogidos ejemplos, y no se proponía edificar un tratado. Con el paso del tiempo, no obstante, el texto fue ganando en fama y consideración, y se hicieron sendas ediciones en francés e inglés. La traducción francesa apareció bastante tarde, pues los editores le añadieron a la obra original una parte de nociones de trigonometría que les pareció que faltaba —y tenían razón—.

Lo que sucedió con la traducción inglesa sí que merece explicación aparte. Quien llevó a cabo la traducción fue John Colson, profesor de Cambridge, admirador sincero de la exposición de Maria, pero muy mal conocedor del italiano. Al final del primer volumen aparecía una curva especial, ya definida antes por el geómetra Guido Grandi (1671-1742), y se emprendía su estudio. A la curva la denominó Grandi «curva versoria», atendiendo a un término de naturaleza naval que hace referencia a la cuerda que hace girar una vela; es algo complicado de explicar, pero el término «versoria» procede del latín *vertere*, y todo empezó cuando Guido Grandi hizo una analogía entre este término latino y la expresión *sinus versus*. Todo ello carecería de real importancia si no fuera porque ahí se originó un curioso error de traducción. Una explicación corrientemente aceptada es que Colson al traducir «*la versiera di Agnesi*» tradujo en realidad la expresión «*la avversiera di Agnesi*», lo cual tampoco sería muy grave si no fuera porque *avversiera* significa literalmente «bruja» o «hechicera», y a partir de ahí, todos los libros de matemáticas ingleses o traducidos del inglés llaman a la curva «la bruja de Agnesi». La denominación, que tiene un nosequé satánico, hizo furor, y a Maria Agnesi (que ya hemos dicho que se hizo monja) la conoce la matemática más que por los méritos de las *Instituzioni*, por el nombre un tanto pintoresco y poco monjil de la curva. Todo era ya imparable. Existe incluso una pieza musical para siete instrumentos llamada por su compositora *The witch of Agnesi.*

A pesar de ello, la tarea de Colson, que falleció muchos años más tarde, sin ver el libro publicado, fue muy notable. Lo hizo llevado por un amor legítimo y arrebatador por la hermosura de la obra, y se molestó incluso —y erró por completo— en traducir los párrafos que le sonaban a leibniziano a la indigesta notación newtoniana. No cabía esperar otra cosa de un matemático «insular».

Remarquemos, no obstante, la crueldad e injusticia de la historia: la obra de Agnesi ocupa más de veinte tomos en la Biblioteca Ambrosiana de Milán. Y si hoy le preguntamos a un científico si le suena de algo el apellido Agnesi, seguro que, en el caso de responder que sí, nos mencionará lo de la bruja, no a la matemática y su magnífica aportación.

La curva de Agnesi

La curva de Agnesi ya había sido considerada por Pierre de Fermat (1601-1665) en 1630 y por Guido Grandi en 1703. En términos algo anticuados, la curva de Agnesi se denominaba antes un «lugar geométrico» (*locus geometricus*); hoy hablaríamos con más propiedad de un conjunto de puntos sujetos a cumplir una propiedad. En el caso que nos ocupa la propiedad es un tanto rebuscada.

Tomemos un par de ejes coordenados cartesianos y dibujemos la circunferencia de centro C y diámetro a, situada en el eje vertical. Llamemos O y T a los puntos inferior y superior de la misma. La curva de Agnesi está ligada a los puntos de esa circunferencia del siguiente modo: elegimos un punto A de la circunferencia y trazamos la recta OA, que cortará en B

a la recta de puntos de ordenada a, que es la paralela al eje horizontal que pasa por T.

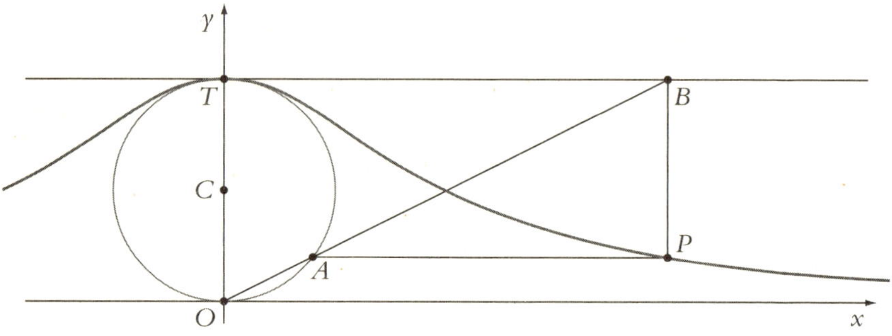

El correspondiente punto P de la curva de Agnesi será aquel que muestra la figura: su ordenada es la de A, y su abscisa, la de B. Es más enrevesado de explicar que de entender. La forma de la curva sugiere, en efecto, el cabo usado para darle la vuelta a una vela.

Hallar la ecuación cartesiana de tal curva ya es harina de otro costal, aunque no presenta mayores dificultades: un alumno espabilado de bachillerato nos diría, después de realizar algunos cálculos, que la ecuación es:

$$y = \frac{a^3}{x^2 + a^2}.$$

Es decir, que la curva de Agnesi es una curva cúbica, como dirían los especialistas. Cuando el diámetro de la circunferencia es la unidad, la ecuación adopta una forma particularmente sencilla:

$$y = \frac{1}{x^2 + 1}.$$

Ya tiene más mérito y no está al alcance de todos el hallar una expresión paramétrica; el mismo alumno espabilado de antes llegaría con algo de esfuerzo a la conclusión

$$x = at$$
$$y = \frac{a}{t^2 + 1}.$$

que es la ecuación en forma paramétrica de parámetro t. Para culminar el estudio elemental de la curva de Agnesi, digamos que los puntos simétricos de abscisa

$$x = \pm \frac{a^2}{3}$$

son puntos de inflexión en los que la curva cambia —diabólicamente— de sentido, pasando de mirar hacia abajo a mirar hacia arriba. Si se recurre al cálculo integral para averiguar el área S encerrada entre ella y el eje horizontal, tenemos

$$S = \int_{-\infty}^{+\infty} \frac{a^3}{x^2 + a^2} = \pi a^2,$$

que es cuatro veces el área del círculo que define la curva. De lo que se deduce el hecho paradójico, para almas de formación filosófica pero poca experiencia práctica, de que una curva de longitud infinita abarca una superficie finita. Si la curva gira alrededor del eje de abscisas, el volumen del cuerpo de revolución engendrado es

$$\pi \frac{a^3}{2}.$$

El centro de gravedad de la brujil curva está en el eje y —la curva es simétrica respecto a tal eje—, en el punto $(0, a/4)$.

La curva de Agnesi es famosa sobre todo por su nombre, pero no es demasiado importante hoy día y aparece de modo infrecuente en matemáticas superiores (conoide de Plücker, paraguas de Cartan). Quizá sus apariciones más notables son los fenómenos físicos de radiación lumínica y los fenómenos estadísticos ligados a la llamada distribución de Cauchy-Lorentz, una distribución de probabilidad que tiene por función de densidad, en el caso más sencillo:

$$f(x)=\frac{1}{\pi(1+x^2)}.$$

TANTO MONTA, MONTA TANTO DERIVAR COMO INTEGRAR

Si se mira con cierta perspectiva el imponente edificio del cálculo infinitesimal, llegamos a una primera conclusión intuitiva: si conocemos todas las diminutas variaciones instantáneas de algo que varía, puede calcularse, mediante algún tipo de suma, la variación general a partir de las variaciones pequeñas. Esta constatación intuitiva nos lleva, de un modo natural, a las derivadas y a las integrales.

Las mil páginas del libro *Instituzioni analitiche ad uso della gioventù italiana* estudian, como un solo objeto, el cálculo diferencial y el integral. Se pone énfasis además en que la diferenciación y la integración son problemas inversos el uno del otro, algo que hoy nos puede parecer intuitivamente evidente y que es una de las primeras cosas que se enseñan en el cálculo de bachillerato, pero que no era tenido por tal en 1748. Expresado en términos modernos y desgraciadamente más largos pero más precisos, la afirmación coloquial «integración y derivación son operaciones inversas» sería como sigue: si f es una función continua en $[a, b]$ y definimos

$$\int_a^x f(t)dt=F(x),$$

entonces F es derivable en $[a, b]$ (se dice que es una primitiva de f) y $F'(x) = f(x)$. Además, si F es derivable en $[a, b]$ y $F'(x)=f(x)$, entonces

$$\int_a^b f(x)dx=F(b)-F(a).$$

Esta doble proposición matemática recibe el nombre de teorema fundamental del cálculo. Su enunciado puede atribuírsele casi por completo a Isaac Barrow (1630-1677), el hombre que cedió generosamente a Newton la cátedra lucasiana en Cambridge.

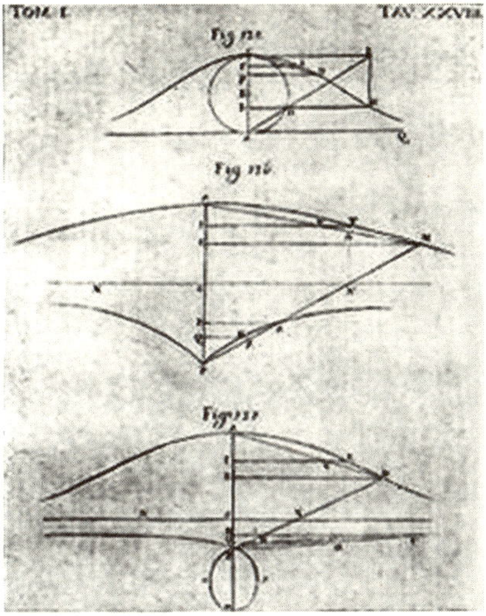

La «bruja de Agnesi» tal como aparece en las postreras páginas del primer volumen de las Instituzioni.

SOPHIE GERMAIN (1776-1831)

Acompáñenos en un experimento matemático con calculadora electrónica. No es nuevo, así que si ya lo conoce sáltese el párrafo. Mejor si el experimento lo hace con una calculadora no muy buena, por ejemplo, un poco antigua; las modernas son cada vez mejores y podrían hacernos quedar mal. El pretendido experimento apareció en un episodio de *Los Simpson*, y ya se sabe que las andanzas de Homer Simpson acostumbran a saldarse con fracasos; no diga que no le avisamos.

En manos de Homer cae la presunta igualdad

$$1.782^{12} + 1.841^{12} = 1.922^{12}.$$

Como se trata de Homer, ignorante en matemáticas por definición, se apresura a comprobarlo: toma una calculadora vieja, de aquellas que sólo realizaban operaciones elementales y mostraba, pongamos hasta 10 cifras, y calcula:

$$1.782^{12} + 1.841^{12}.$$

Luego calcula 1.922^{12} y ¡oh sorpresa!, las 10 cifras de la pantallita son iguales. Por tanto, adiós a la famosa conjetura de Fermat. Hemos encontrado un contraejemplo:

$$1.782^{12}+1.841^{12}=1.922^{12}.$$

¿O no? La ficción desaparece cuando se recurre a una buena calculadora que al efectuar la resta no dé cero. Si es capaz de abarcar un buen puñado de decimales, la calculadora dará dos números que difieren en 700212234530608691501223040959 por resultado, que es muy poco, poquísimo, casi cero comparado con el tamaño de las potencias que se han esgrimido (tienen 40 dígitos cada una), pero suficiente para que la conjetura de Fermat —hoy ya es todo un teorema desde que sir Andrew Wiles lo demostrara— siga en pie. Pero en el siglo XIX no se sabía, sólo se sospechaba. También lo sospechaba el señor Antoine-Auguste Le Blanc, o quizá deberíamos decir Sophie Germain, la mujer que utilizaba tal nombre. El verdadero Le Blanc existía en realidad, pero era otro, un auténtico señor con bigotes. Sophie Germain tan sólo utilizaba un alias epistolar. Y llegados aquí se impone que introduzcamos un poco de orden. Empecemos: ¿quién era Sophie Germain?

Una mujer con determinación

Sophie Germain, nacida en París, era la intermedia entre tres hermanas de una familia que podría denominarse rica, aunque no noble. Su padre era, según cree la mayoría, un buen comerciante de sedas que llegó a director del Banc de France. La trayectoria de Sophie atravesó indemne un periodo tan controvertido como la Revolución francesa, que costó la vida y la posición, con razón o sin ella, a tanta gente. Porque Sophie pasó por la época convulsa del Terror peleando no contra el Robespierre de turno, sino contra la estructura de un mundo en el que no parecía tener cabida una mujer con inquietudes matemáticas. Tal como se ha hecho notar muchas veces, era de buen tono entre la nobleza que una mujer supiera algo de la ciencia contemporánea —pues así podía discutir con sus amigos—, pero que supiera algo o pretendiera saberlo una mujer burguesa era una tontería, no entraba en el sacrosanto mundo de la aguja, los bordados, el piano, las acuarelas y los niños, el reino femenino de los ricos. Un libro de la época, *Newtonianismo per le dame*, nos lo ilustra. En un escogido fragmento conversa en tono frívolo una aristocrática pareja sobre la ley de atracción gravitatoria del cuadrado inverso. En un diálogo que puede calificarse de surrealista, la interlocutora, una marquesa, pone un símil que hubiera estremecido de horror al propio Newton: «Esta ley de atracción inversa se puede aplicar al amor: tras ocho días de separación el amor se vuelve sesenta y cuatro veces más intenso». Corramos un tupido velo.

Sophie comenzó a interesarse por las matemáticas al leer en un libro de Montucla procedente de la biblioteca paterna la muerte de Arquímedes a manos de un soldado romano: «No me molestes ahora, no toques mis dibujos sobre la arena», le había espetado Arquímedes al soldado que lo invitaba a acompañarlo. Irritado por la displicencia del sabio, el soldado lo atravesó con su espada. Bien, se dijo Sophie, si Arquímedes sacrificó su vida por unos dibujos es que en éstos debía de ocultarse algo de mucho valor. ¿En qué consiste eso de la geometría, tan caro que puede equivaler a una vida?

Busto de Sophie Germain.

Viene a continuación una historia que ha sido relatada muchas veces, embellecida y adornada por muchos biógrafos: Sophie había elegido saber más matemáticas de las que su estatus femenino y burgués le permitían. ¡Osaba leer a Euler y a Newton! Su familia más próxima, alertada por la evidente extravagancia de tales actos, estaba muy disgustada. Los actos de Sophie eran indignos de una señorita, ya que se atrevía a cometer el terrible delito de pensar en temas científicos, tarea reservada al resistente cerebro masculino. Saber matemáticas podía llevar a una mujer incluso a la locura, pues en su estrecha mente no tenían cabida tales excesos. Decididos a todo, sus progenitores lo probaron también todo: puesto que Sophie trabajaba en sus matemáticas de noche, le retiraron sus vestidos, de manera que sólo pudiera permanecer en la cama; asimismo, se la privó de velas, candelabros, candiles y artilugios parecidos. Inútil, pues Sophie, inmune al frío pelón, se abrigaba con cualquier trapo y se procuraba a escondidas cabos de vela. La batalla prosiguió durante un tiempo y la ganó la parte más decidida, más tozuda; no hace falta decir cuál. Y así fue como Sophie Germain se convirtió, paso a paso, en una buena matemática aficionada. Y empleamos este calificativo aposta: si hubiera tenido a mano una guía profesional que la hubiera orientado en su formación y lecturas podría haberse contado entre los elegidos. Sus dotes de imaginación, intuición y estrategia siempre fueron excelentes, y aunque en ocasiones no razonaba con todo el rigor necesario, abordaba los temas con un dominio magistral de su auténtica esencia.

En 1794 abrió sus puertas la modélica École Polytechnique, y el propósito último de sus enseñanzas era bastante similar al de la norteamericana West Point; de ella salían los futuros oficiales y expertos dispuestos y bien formados para poner sus excelentes conocimientos matemáticos al servicio de los desafíos militares. Claro está que, por loables que fueran los propósitos de l'École, no se contaba entre ellos el de formar señoritas. Para Sophie éste no fue un inconveniente insalvable. Uno de sus amigos se llamaba Antoine-Auguste Le Blanc y asistía a los cursos de l'École, así que Sophie, que obtuvo del interesado el consentimiento para usar su nombre, tuvo siempre acceso a los apuntes y textos de la escuela y utilizó el *nom de plume* de Le Blanc como el suyo propio. Se convirtió en un matemático hermafrodita llevada por la necesidad.

Cuando M. Le Blanc abandonó París, la administración de l'École no se enteró de la baja y siguió remitiéndole todas las comunicaciones, apuntes y ejercicios, que, una vez resueltos por Sophie, le eran oportunamente devueltos. El responsable del curso era Lagrange, una de las mentes matemáticas más brillantes, quien no dejaba de hacerse cruces ante la transfiguración experimentada por M. Le Blanc: de ser un perfecto negado para las matemáticas había pasado a ser un alumno brillante, original y creativo en sus respuestas. Lagrange le pidió una entrevista personal a su alumno y se llevó la consiguiente sorpresa al descubrirse el pastel: él resultó ser ella, y Lagrange, siempre respetuoso con las damas, se puso a su servicio y le sirvió de mentor y guía.

La Sophie matemática

Ya tenemos a Sophie Germain entregada en cuerpo y alma a sus amadas matemáticas. Sophie no se casó nunca y sus energías las dedicó íntegramente a su vocación. En particular se dedicó a la teoría de números y al teorema de Fermat, que la cautivó por su mezcla extraña de enunciado fácil, solución enigmática —Fermat parecía haberlo resuelto, según él— y resolución imposible. Empezó su carrera matemática velando sus armas, metafóricamente, con Legendre y alguno más. Después de abrir boca con ellos, cuando aún era joven, en 1804, Sophie le escribió nada menos que al mejor matemático del mundo, Gauss, exponiéndole sus ideas y descubrimientos sobre el teorema de Fermat. Gauss era, después de publicar las *Disquisitiones arithmeticae*, la máxima autoridad en teoría de números, y Sophie se acercó a él por carta y con cierto temor y respeto. De hecho, lo hizo bajo el seudónimo Le Blanc, no fuera que su corresponsal no la tomara en serio. Y se encontró con la sorpresa de que Gauss le contestó amigablemente, aunque no le envió respuestas concretas a todos sus escritos. Ello hubiera implicado leerlos a fondo, un gran esfuerzo en términos de tiempo y ejercicio neuronal. En otras palabras, Gauss sólo leyó aquello que le interesaba.

La ficción se desenmascaró unos años después, ya que Napoleón envió a sus ejércitos a pasearse bélicamente por Alemania, y Sophie, temerosa de que le sucediera algo a Gauss, recurrió a uno de sus amigos, el general Pernety, quien casualmente tenía a su cargo tropas en la vecindad de la residencia del matemático. Éste cumplió galantemente el encargo de garantizar la seguridad de Gauss y de sus bienes, le hizo una visita y cometió la torpeza de desvelarle a Gauss la verdadera personalidad de *Monsieur* Le Blanc. Un tanto pasmado, Gauss le escribió a Sophie para confesarle su asombro al conocer su sexo. Nunca se hubiera figurado que la autora de tanta sabiduría matemática pudiera ser una mujer. Es poco más que una curiosidad, pero Gauss y Sophie Germain no se encontraron nunca cara a cara.

Sophie Germain se carteaba al principio con Gauss bajo el seudónimo de Le Blanc. Nunca se encontraron cara a cara.

A Sophie Germain se la asocia siempre con la resolución del célebre teorema de Fermat. Que Fermat se había equivocado, y muy probablemente en una cuestión sutil y retorcida que surge enseguida que se recurre a cierto polinomio ciclotómico —no entraremos en ello—, se supuso enseguida, pero la demostración de la conjetura no llegaba. El atractivo de la conjetura es innegable: cualquiera puede entenderla, hay tras ella un misterio complementario —en palabras del propio Fermat—, se expresa con la ayuda de muy pocos símbolos algebraicos, se conceden suculentos premios en metálico a quienes la solucionen, etc. Los matemáticos auténticamente profesionales han sido casi siempre algo menos entusiastas que los demás mortales. Es innegable que la conjetura de Fermat era el desafío más famoso de las matemáticas, pero estrellas como Gauss, o Hilbert después, manifestaron escaso entusiasmo en consagrarle grandes esfuerzos. Puede argumentarse que nos encontramos ante el típico caso de la zorra y las uvas, pero tratándose de tales gigantes del pensamiento hay que tentarse antes las vestiduras. Gauss argumentaba que la conjetura de Fermat no representaría para la ciencia un progreso enorme en el caso de convertirse en teorema porque su contenido e implicaciones eran más bien pobres, y —eso era por completo cierto— él mismo era capaz de enunciar muchas otras conjeturas similares.

De cualquier modo, probar o no la conjetura no iba a ser una tarea en absoluto fácil. Sophie Germain ya probó, por ejemplo, que si $n=5$, en el caso de existir un contraejemplo, éste debería ser de tamaño colosal, superior, según sus cálculos, a 691.053.006.763.356.095.514.121.490.6 14.455.078.525. Hubo que proceder con lentitud, exponente a exponente primero, en familias de exponentes después.

Hagamos un breve inciso para hablar de la aproximación de Sophie Germain al teorema de Fermat, pues es por completo innovadora. Los intentos de demostración del teorema siempre habían consistido —y consistieron en el futuro— en probar que no podían existir x, y, z tales que $x^n+y^n=z^n$ para un n determinado, concreto. Así, Fermat probó la conjetura para $n=4$; Euler, para $n=3$; Legendre, para $n=5$; Lamé la probó para $n=7$, etc. Pero Sophie siguió una estrategia distinta, intentando imponerle unas condiciones a n de manera que, caso de cumplirlas, n quedase prácticamente excluido, ausente de la fiesta. Para ello creó una clase especial de números primos p (hoy se llaman primos de Germain); un primo p es primo de Germain cuando también $2p+1$ es primo. Como curiosidad, he aquí los primos de Germain menores de 200: 2, 3, 5, 11, 23, 29, 41, 53, 83, 89, 113, 131, 173, 179 y 191. Otra curiosidad: el mayor primo de Germain conocido es (hasta el 2011) $183027 \cdot 2^{265440}-1$, que tiene 79.911 cifras.

Sobre el tema de Fermat y Sophie Germain, que no es sencillo ni después de transcurridos más de 200 años, remitimos a los interesados al siguiente sitio web, http://sofia.nmsu.edu/~davidp/germain06-ed.pdf, en el que encontrarán una fascinante, modélica y avanzada información que aquí sería considerada excesiva (la web ocupa más de 70 páginas). Si acaso, digamos, porque es relevante, que sus resultados sólo quedaron reflejados y acreditados de modo público y universal en 1830, cuando Legendre publicó su *Théorie des nombres*.

CAMPANAS ARMÓNICAS

Sabido es que existen infinitos tripletes pitagóricos, es decir, tripletes enteros *x, y, z* que cumplen la relación pitagórica

$$x^2 + y^2 = z^2.$$

Por ejemplo, sin ir más lejos,

$$3^2 + 4^2 = 5^2,$$

relación, según algunos, ya conocida y empleada por los egipcios.

Fermat, un gran especialista, leía un día de 1630 un libro sobre la obra de Diofanto e hizo notar que las expresiones con el resto de exponentes,

$$x^3 + y^3 = z^3$$
$$x^4 + y^4 = z^4$$
$$x^5 + y^5 = z^5,$$

etc., eran imposibles. No podía un cubo dividirse en la suma de dos cubos, no podía suceder con una cuarta potencia, ni con una quinta, ni, de hecho, con ninguna. Él, Fermat, había encontrado una solución maravillosa, pero por desgracia no cabía en el margen del libro que estaba leyendo —Fermat tenía la costumbre de escribir sus propios comentarios en el margen del libro que leía— y, por tanto, desistió de transcribirlo. He aquí la célebre conjetura en términos algebraicos:

«Si $x, y, z \in \mathbb{N}$ y no son nulos, la ecuación $x^n + y^n = z^n$ no tiene solución cuando $n>2$».

Durante casi 400 años se mantuvo la incógnita: ¿era o no cierta la conjetura hecha por Fermat? ¿Era o no un teorema, es decir, una verdad demostrada? Más aún, si era en verdad un teorema ¿dónde se había equivocado Fermat en su presunta «demostración maravillosa»? Porque seguro que se había equivocado. Era muy improbable que algo que se arrastraba año tras año aguantando los embates intelectuales de las más agudas mentes de la humanidad lo hubiera probado sin más Fermat, dando por toda información que no le cabía en el margen de su libro.

Tras siglos de espera, sir Andrew Wiles puso fin a la misma en 1995, pero necesitó de dos arremetidas al problema y varios años de trabajo para resolverlo, eso contando con las armas más sofisticadas y modernas de la teoría de números. Contrariamente a lo esperado, el vínculo entre fórmulas modulares y curvas elípticas que explotó en su tarea resultó ser una aproximación nueva e importante, esta vez sí, a conceptos matemáticos de primer orden. De manera que la conjetura de Fermat sí que resultó, finalmente, de consecuencias importantes al convertirse en teorema.

Pierre de Fermat dijo haber resuelto su famosa conjetura, convertida en teorema desde 1995, pero no llegó a demostrarlo.

Tras la aventura napoleónica, Gauss fue nombrado director del observatorio astronómico de Gotinga, y la teoría de números dejó de estar en el centro de sus preocupaciones profesionales, así que pasó a ocuparse de otras cosas y cesó su correspondencia con Sophie (y con otros). Sophie se quedó sin su apoyo en el tema Fermat y, muy a su pesar, transfirió su atención a otros campos. Su método fue más tarde utilizado por Lagrange y especialistas posteriores. En cualquier caso, su acercamiento al teorema fue el paso más importante dado entre 1738 y 1840, fecha de los trabajos de Ernst Kummer (1810-1893).

La cuestión que le dio más fama fue un tema físico-matemático, la elasticidad de las membranas. Después de dos memorias presentadas a la Academia de las Ciencias, su trabajo *Recherches sur la théorie des surfaces élastiques* mereció finalmente un premio (que conllevaba una medalla de oro de un kilogramo de peso) por su profundidad y contenido. Sophie, no obstante, no se presentó a la ceremonia de concesión del premio, en desacuerdo con la actitud un tanto displicente de algún académico, entre ellos Poisson.

Ya era un mujer de mediana edad cuando vio cómo sus méritos empezaban a ser reconocidos, el Institut de France la galardonó con una medalla especial por sus trabajos, y fue la primera mujer (que no fuera esposa de un académico) que asistió a las sesiones de la Academia de las Ciencias. Se la recuerda acudiendo a ellas, siete años después de ser galardonada, del brazo del gran Joseph Fourier (1768-1830), secretario de la Academia. Sus últimos trabajos trataron sobre geometría diferencial, en concreto sobre la curvatura de superficies. En su *Mémoire sur la courbure des surfaces* utiliza el concepto, luego clásico, de curvatura media. Si c_1 y c_2 son las curvaturas máxima y mínima, la curvatura media o de Germain es:

$$\frac{c_1 + c_2}{2}.$$

Retomado ya su contacto con el esquivo Gauss, éste la recomendó a su universidad, Gotinga, para que se le otorgara el grado de doctor honorario. Y así fue, pero el nombramiento acaeció en 1830, y Sophie murió antes de recibirlo.

LAS LÁMINAS ELÁSTICAS

Sophie empezó a ocuparse de la elasticidad a consecuencia de los experimentos del físico e ingeniero alemán Ernst Chladni (1756-1827), que dieron origen a las curiosas «figuras de Chladni» y que les fueron mostradas de un modo un poco circense a personalidades del Institut de France e incluso a Napoleón. Se hacían vibrar unas placas de cristal cubiertas de arena frotándolas con arcos de violín, obteniéndose así dibujos de arena inesperados, muchos simétricos y bellos. Se hacía visible así el primer fenómeno conocido de lo que sería más tarde el movimiento armónico bidimensional.

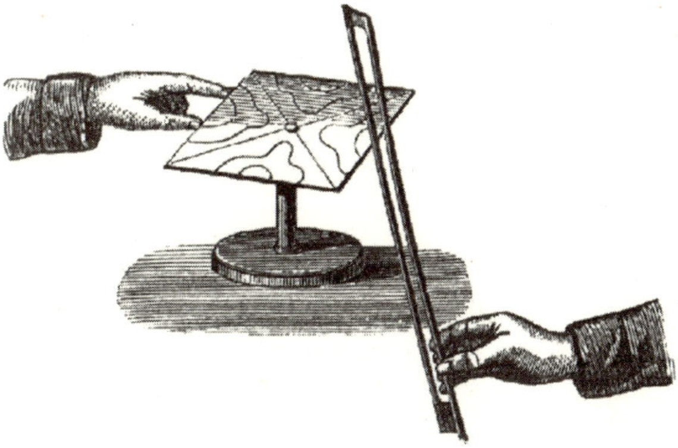

Generación de una figura de Chladni.

Se instituyó una competición pública por parte de la Academia de las Ciencias con el propósito de encontrar leyes que gobernaran las acciones elásticas, y en 1813 la memoria de Sophie *Mémoire sur les vibrations des plaques élastiques* mereció ser distinguida con un premio de primera clase. Para Sophie, que a menudo había sido acusada de dejar huecos y puntos sin aclarar en sus demostraciones, el galardón equivalió a una especie de consagración.

Por desgracia, su muerte no fue la que merecía. Falleció de un cáncer de mama tras dos años de padecimientos —en su tiempo era un cáncer incurable y doloroso—. En el certificado que se emitió a su muerte figura como «rentista». Rentista, de acuerdo, pero mejor hubiera sido escribir «matemática».

A Sophie Germain la recuerda la ciencia por su talento, y el mundo femenino, como un ejemplo. También la recuerda París, cuyo ayuntamiento le dedicó una calle. Aparece en novelas de ciencia ficción, lo que contribuye a su inmortalidad. Y en Venus existe un cráter que en los atlas lleva su nombre. Pero la mejor contribución a su obra son las escuelas e institutos bautizados como «Sophie Germain».

Un intermedio celestial

Aristóteles manifestaba que las mujeres tenían menos dientes que los hombres; aunque se casó dos veces, nunca se le ocurrió comprobar esta afirmación examinando la dentadura de sus esposas.

Arthur Bertrand Russell, matemático, filósofo, activista político y escritor

Las mujeres retratadas en este capítulo tienen el rasgo común de haber sido astrónomas y, además, haber sido elegidas, en la misma sesión, miembros de la Royal Astronomical Society, la venerable institución creada en 1820 por los astrónomos —todos masculinos— ingleses de aquel entonces. No fueron miembros de pleno derecho, sino sólo honorarios. Era lo más lejos que los prejuicios les permitían llegar a los insignes descifradores de los cielos.

La Sociedad no abrió sus puertas por completo a las mujeres hasta 1915. De todas las trabas científicas que el género masculino impuso al femenino, ésta es particularmente grotesca: ¿es que la mirada a las estrellas estaba reservada por alguna oculta razón a los ojos de un varón? Nunca lo terminaremos de entender. Ahora bien, tampoco terminaremos nunca de entender al Aristóteles al que se refiere Bertrand Russell, y eso que era Aristóteles.

CAROLINE LUCRETIA HERSCHEL (1750-1848)

Nuestra visión de los cielos no es realista: la bóveda estelar sólo la vemos de noche, y normalmente a simple vista. Los cielos son un escenario magnífico, en él se representan dramas como el estallido de supernovas o los agujeros negros que sorben materia, y es posible contemplar espectáculos de majestad y belleza irrepetibles, como el aspecto y colorido de las grandes galaxias. Pero toda esta panoplia de imágenes no está al alcance más que de quien posee un buen telescopio; a ojo desnudo puede contemplarse algo, pero muy poco. En los últimos tiempos, este fenómeno de irrealidad ha llegado a su culminación.

Hubble es el nombre del primer telescopio orbital, lanzado por la NASA y situado fuera de los límites de la molesta atmósfera, apartado de toda contaminación, tanto lumínica como gaseosa, que ha puesto al alcance de todos imágenes que cortan la respiración por su pureza y detalle. Cuando Europa lanzó al espacio en 2009 su telescopio, lo bautizó como Herschel. Es mucho mayor, pues su espejo mide 3,5 m de diámetro, y observa el universo utilizando el espectro infrarrojo. Si el Hubble nos dejó boquiabiertos, el Herschel nos maravillará.

Y a lo que íbamos desde el principio: el Herschel se llama así en honor y recuerdo del astrónomo más grande del siglo XVIII (1738-1822), un inglés nacido en Alemania llamado Wilhelm Herschel, luego William Herschel en los verdes campos de Inglaterra. Entre otras cosas, ganó fama imperecedera al descubrir oficialmente el planeta Urano, ya observado pero no identificado con anterioridad. Claro que denominó al nuevo planeta Jorge III, en homenaje un tanto servil al rey inglés que le pagaba, pero no vamos a exigirle a William que además de un genial escrutador de los cielos fuera indiferente a las miserias terrenales. Bástenos saber dos cosas: que Urano terminó por llamarse Urano (a partir de mediados del siglo XIX) y que William Herschel tenía una hermana, astrónoma como él. Ocupémonos de ella.

La vida de una sirvienta bajita

La familia de los Herschel era alemana, de Hannover (como el fundador de la dinastía reinante inglesa) y el oficio del patriarca, Isaak, era el de músico militar; su hijo primogénito, Wilhelm, estaba destinado al mismo oficio, y de hecho tocaba el oboe y llegó a asistir a algún combate. En los catálogos de cierta empresa discográfica puede hallarse hoy día alguna grabación con conciertos o sinfonías de Wilhelm, por lo que podemos inferir que era inteligente y sensible, virtudes ambas que no se avienen mucho con las consideradas como virtudes militares de su siglo. No debe extrañar, pues, que Wilhelm entonara el «pies para qué os quiero» tras su bautismo de fuego y emigrara en 1766 al reino hermano de Inglaterra (entonces Hannover e Inglaterra compartían rey y ciudadanía) en busca de trabajo y paz.

Su hermana Caroline, doce años más joven, se quedó en Hannover poco menos que como sirvienta, pues su madre decía que necesitaba ayuda y estaba imbuida de la creencia, habitual entonces, de que las mujeres sólo servían para los trabajos domésticos. Trabajos que Caroline sólo podría desarrollar como sirvienta y no como ama de casa, pues a los diez años había superado un tifus a expensas de su crecimiento, por lo que nunca llegó a medir más de 1,30 m, y además de bajita —hoy sería muy bajita—, era poco agraciada. Su madre daba por hecho que nunca se casaría —en eso acertó— y que su único porvenir estaba en el servicio doméstico —y en eso se equivocaba, como veremos—.

Siempre recordó Caroline la ocasión en que su padre, cuando ella era todavía niña, le mostró los cielos, las constelaciones y, entre ellas, un cometa que, casualmente, era visible entonces, arrastrando tras él su cabellera. Quizás entonces se puso a germinar la semilla que más tarde se convertiría en un frondoso árbol.

Retrato de William Herschel a la edad de 47 años, obra del pintor inglés Lemuel Francis Abbott.

Caroline debió de hartarse de su encajonada existencia al lado de su madre y dio el salto hacia Inglaterra en 1772, pues William Herschel necesitaba alguien que le llevara la casa. No le había ido mal en suelo inglés, y la música le daba para vivir montando conciertos, tocando el órgano y dirigiendo coros. Caroline resultó tener una voz privilegiada, y tras algunas lecciones de canto actuó como solista en varios conciertos. Justo entonces le sucedió a William una de esas cosas que, como la caída del caballo de Pablo de Tarso, iban a cambiar su destino y, de rebote, el de mucha gente. Un buen día cayó en sus manos un libro de astronomía, que muchos dicen que fue la «Astronomía» de Ferguson (*Astronomy explained upon sir Isaac Newton's principles*, 1750). William se prendó de la ciencia de los cielos, y ésta se prendó de él. Comprendió enseguida que el futuro radicaba en los espejos de los telescopios reflectores, y se puso a pulir espejos como un loco y a fabricar y vender aparatos cada vez más perfectos. Con el tiempo empezó a ayudarle su hermana, cuyas manos, llenas de habilidad, parecía que habían sido creadas sólo para ello.

William, que poseía conocimientos musicales pero también había empleado muchos ratos perdidos en estudios matemáticos y astronómicos, impartió a su hermana las lecciones necesarias para que pudiera ayudarle en sus investigaciones astronómicas. Es preciso decir que Caroline no dominó nunca todas las matemáticas ni aspiraba a ello; se limitó a tomar de su fértil y extenso terreno aquellas partes que necesitaba. Actuó como mánager de las tareas de su hermano y llevó a cabo el tedioso trabajo trigonométrico anterior y posterior a las observaciones.

La mente de la muchacha parecía encontrarse en su elemento, y los misterios celestiales y las simas profundas de la trigonometría esférica fueron cayendo conquistados. No fue algo súbito, como es lógico, pero la perseverancia en la tarea bien hecha, hecha a tiempo y con orden produjo magníficos resultados; la sabiduría astronómica se fue adquiriendo. Caroline asimiló brillantemente las lecciones de astronomía de su hermano y, en 1782, ya llevaba a cabo observaciones por su cuenta. William la había provisto de un telescopio propio y Caroline se dedicó con entusiasmo, entre otras cosas, a la caza de cometas. No se nos olvide decir que en 1781 William Herschel descubrió Urano y se hizo universalmente famoso.

Por su parte, y antes de 1790, Caroline descubrió, sin ayuda, seis cometas, lo que sería una hazaña para cualquiera, aunque en aquella época lo inaudito era que lo llevara a cabo una mujer, midiera o no 1,30 m. El primer descubrimiento, sin duda un momento glorioso, llegó el 1 de agosto de 1786. En el periodo 1786-1797 descubrió ocho cometas indiscutiblemente nuevos, y algunos ya la llamaban «*first lady comet*». Caroline adquirió la consideración de astrónoma por su propio mérito y, como ayudante del primer astrónomo del reino, su majestad le concedió en 1787 un salario anual de £50. Ya tenía un sueldo, e incluso un buen sueldo. Era la primera mujer, en país alguno, que cobraba un sueldo público por efectuar un trabajo científico. Como puede suponerse, la búsqueda de nuevos objetos celestiales no se limitó sólo a los cometas: fueron descubiertos y catalogados nebulosas y cúmulos estelares.

Caroline Herschel.

En 1788, William se casó y parece que la relación entre los hermanos se enfrió bastante. No obstante, siguieron colaborando y, diez años más tarde, Caroline culminaba su catálogo de estrellas, donde reseñaba todos los descubrimientos nuevos y ponía al día y referenciaba adecuadamente los famosos resultados de John Flamsteed, el astrónomo real contemporáneo de Newton. A la relación le añadió nada menos que 560 nuevas estrellas. Ya se había convertido en una respetada profesional de la astronomía e incluso fue huéspeda invitada de la familia real en tres ocasiones.

Cuando William falleció, su hermana decidió volver a Hannover. Corría el año 1822. Caroline siguió trabajando, esta vez para ayudar a su sobrino John Herschel, que también fue un gran astrónomo, sucesor e hijo de William. Al cabo de años de esfuerzo pudo culminar para él un catálogo de nebulosas (algunas resultaron luego ser galaxias) en el que incluyó todos sus descubrimientos y los de William.

Lo típico en estos casos es decir que, realizada la obra de su vida, Caroline lanzó el último suspiro, pero no fue así; en realidad vivió todavía muchos años, hasta los 98, conservando la cabeza clara y en muy aceptables condiciones físicas. Era incluso un signo de elegante distinción en la sociedad tenerla como amiga. Llegó a recibir incluso la visita del primer matemático y astrónomo de su época, el director del observatorio de Gotinga, Carl Friedrich Gauss (1777-1855).

El mayor telescopio construido por Herschel, llamado «el monstruo», tenía un espejo de 1,2 m, algo menos que la estatura de Caroline. En cierta ocasión ella quedó colgada de un gancho de la estructura durante una observación, hiriéndose de gravedad en el incidente.

UNAS TABLAS NADA ASTRONÓMICAS

Un escrito de Melissa Nysewander nos cuenta un chisme que merece conocerse: han existido personas que han llegado a astrónomos profesionales ¡sin saber multiplicar! Porque multiplicar números, para obtener su producto, tan sólo es cuestión de dominar de memoria las tablas de multiplicar. Aprendérselas producía un murmullo a coro inconfundible en las escuelas de enseñanza primaria; era un clásico.

Multiplicar números implica el empleo de un algoritmo elemental y, para complementarlo, un pequeño ejercicio de memoria. Puede parecer extraño, incluso estrambótico, que se dominen los arcanos de la geometría esférica y que se ignore de modo simultáneo el algoritmo de la multiplicación. Y bien, eso es precisamente lo que le sucedía a Caroline: sabía leer unas tablas estelares pero, ¡oh, sorpresa!, no sabía multiplicar dos números grandes... porque no se sabía las tablas. Se enfrentó con ellas cuando ya era mayor, y no se molestó en memorizarlas. Cuando las necesitaba, se metía la mano en un bolsillo, extraía lo que llamaríamos sin tapujos una chuleta con las tablas de multiplicar, buscaba el resultado y así salía del paso.

Imagínense, hace un par de siglos, a toda una astrónoma profesional recibiendo palmetazos de un maestro indignado por no saberse las tablas.

Los últimos años de Caroline fueron los más agradecidos, pues nos llevan al terreno de los honores y reconocimientos. La Royal Irish Academy la adoptó entre sus miembros. La Royal Astronomical Society le otorgó una medalla de oro en reconocimiento de sus aportaciones; el rey de Prusia le concedió otra cuando ya contaba 96 años. Cuando al año siguiente la visitó el príncipe heredero, aún tuvo humor y energía suficientes para cantarle, con su cultivada voz de soprano, algunos fragmentos musicales compuestos por el difunto William. Junto con Mary Somerville, otra luminaria femenina de las matemáticas, se la nombró miembro de la docta y exclusiva Royal Astronomical Society, aunque sólo miembro honorario. Al fin y al cabo, Caroline era una mujer y no estaba permitido por los estatutos que las mujeres fueran nombradas miembros de pleno derecho.

El homenaje póstumo de la ciencia sin más es lo que nos importa. En el New General Catalogue se encuentran los objetos con número NGC 205, 225, 253, 381, 659, 891, 2349, 2360, 2548, 6633, 7380 y 7789;

todos fueron descubiertos por ella. Hay un asteroide, el nº 281, llamado Lucretia, que se denomina así en su recuerdo, y un cráter lunar de 13 km de anchura que ostenta el nombre de Caroline Herschel. Sin contar con el homenaje tributado desde aquí, que quizá no es muy importante, pero sí muy sincero.

MARY FAIRFAX SOMERVILLE (1780-1872)

En la misma ceremonia y el mismo día, dos mujeres fueron nombradas miembros honorarios de la Royal Astronomical Society. Lo extraño es que se tratara de dos mujeres, un hecho por completo excepcional en un mundo hecho para los hombres. Una de ellas era astrónoma desde hacía mucho años, una veterana curtida en mil noches de telescopio llamada Caroline Herschel. Llevaba, por tanto, uno de los apellidos más ilustres de Inglaterra, el de William Herschel, el descubridor de Urano, entre otras cosas.

La otra era un dama de origen escocés, treinta años más joven que su compañera, menos astrónoma y más matemática, que respondía al nombre de Mary Somerville, un apellido aún no tan reverenciado. Es de ella de quien hablaremos a continuación.

La dama que entendía a Laplace

De la vida infantil de Mary Somerville, de origen escocés y más en concreto del castizo condado de Fife, poco puede decirse. Ella misma y su hija Martha nos lo han explicado en sendos testimonios de su puño y letra. Su apellido de soltera era Fairfax y su padre había escalado posiciones en la Marina, pues alcanzó el grado de vicealmirante.

No hay que buscar exhibiciones asombrosas de precocidad en el dominio del lenguaje ni incursiones profundas en el campo de las lecturas científicas porque no existieron. Las dotes intelectuales de Mary, asombrosas para alguien de su edad, les pasaron por completo desapercibidas a sus padres. Ella misma habla de su vida salvaje y de la existencia poco agradable en la única escuela a la que asistió como interna. Sus dotes sólo le eran patentes al reverendo Thomas Somerville, su tío y futuro suegro, único hombre que reconoció su talento en agraz y que creía que valía la pena desarrollarlo aunque fuere en una «especie inferior», que era como se consideraba a las mujeres de su época. Ya se sabe que era bueno que supieran leer —escribir era menos importante—, hacer punto, a lo mejor pintar, tocar el piano y administrar una casa, pero lo demás, o era irrelevante o era directamente perjudicial.

A los 13 años sus padres se trasladaron a Edimburgo. Mary respondía de modo correcto, aunque improcedente, según las normas establecidas, a las preguntas que sus preceptores le hacían a su hermano, por lo que se toleraba que estuviera presente en las mismas «de oyente». Allí, en el transcurso de una lección de pintura, el maestro, un famoso paisajista llamado Naysmith, se permitió ponderarle a su alumno —el hermano de Mary— las virtudes geométricas de un sabio antiguo, de nombre Euclides. Así que Mary le pidió al tutor de su hermanito que le consiguiera los *Elementos de geometría*; los devoró —ella sola, pues Naysmith ya le confesó que no era matemático— y su petición al susodicho tutor, un cómplice al que la posteridad debe estar muy agradecida, fue de más libros del mismo estilo, entre ellos textos de Leonhard Euler. Tal era su pasión por el álgebra que sus padres, benditos ellos, empezaron a preocuparse por su salud: temían que sus intereses matemáticos pudiesen afectar a su tierno desarrollo mental.

Mary Somerville.

Mary, recluida en Escocia, un área atrasada de la Gran Bretaña de entonces, estudió y leyó por su cuenta, sobre todo matemáticas, y se casó a los 24 años con un tal Samuel Reid, marino de carrera, al igual que el padre de Mary, del que enviudó pronto. Según explica Martha, la hija de Mary, Mr. Reid, fuera o no bien parecido, era un hombre muy al estilo de su tiempo: no mostró ni el menor interés por las aficiones científicas o literarias de su mujer, y creía firmemente en el papel subordinado del sexo femenino. A su muerte, Mary se encontró de pronto viuda y joven, con una posición un tanto desahogada y libertad para seguir ilustrándose.

Mary aprovechó el periodo de libertad: el mundo académico se le abrió por un camino aparentemente tan extraño como los pasatiempos de

LA *MÉCANIQUE CÉLESTE*

Es la gran aportación al género humano de Pierre Simon Laplace (1749-1827), y reúne en un único tratado toda su obra astronómica. Se publicó originalmente en cinco volúmenes, que fueron viendo la luz entre 1799 y 1825. Se hizo famosa por sus propios méritos, pues no se había dado nada de semejante envergadura desde los *Principia* newtonianos. Viene a ser como unos *Principia* magnificados y tratados con los poderosos métodos del cálculo de su tiempo, un arma ya muy desarrollada. Descendiendo al terreno de la anécdota, la *Mécanique céleste* se hizo famosa entre sus desesperados lectores por la muletilla «*il est aisé de voir*...» («es fácil ver...») que Laplace usa repetidamente anunciando de modo indefectible que lo que sigue no es fácil de ver en modo alguno y que pobre del que intente demostrarlo. Su traductor, Nathaniel Bowditch (1773-1838), se desesperaba cuando tropezaba con las temibles palabras «*il est aisé de voir*». Usualmente resulta ser verdad, pero en modo alguno resulta tarea fácil demostrarlo. La *Mécanique céleste*, en un estilo un tanto desgarbado, contiene un montón inacabable de temas. Citando al azar sólo algunas partes de su índice, habla de las desviaciones de los planetas de sus órbitas ideales, de los movimientos de los satélites de Júpiter, de la no-esfericidad del globo terráqueo, de la libración y «cabeceo» de la Luna, de las mareas, de la evolución del sistema solar y de muchas otras cosas.

Una anécdota mil veces contada pero genial vincula a la *Mécanique céleste* con Napoleón, que era un excelente matemático aficionado y una antigua amistad de Laplace.

las revistas femeninas, como *The ladies diary*. Resolvía tantos y tan bien que se hizo con amigos de ese mundo, quienes le abrieron las puertas del mundo profesional y la guiaron por el terreno de la lectura racional y ordenada. Leyó la *Astronomy Explained Upon Sir Isaac Newton's Principles* de James Ferguson, la biblia astronómica inglesa, y luego textos tan abstrusos y avanzados como los *Philosophiæ naturalis principia mathematica* de Newton y la *Mécanique céleste* de Laplace, y profundizó en los campos de la trigonometría esférica, un auténtico coco algebraico-geométrico al que sólo ha puesto coto la introducción de las calculadoras electrónicas de bolsillo. La matemática inglesa estaba entonces algo oxidada por décadas de aislamiento de las ideas del continente, por lo que la lectura de Laplace, por ejemplo, fue muy positiva.

Parece que Napoleón examinó los libros y más tarde le dijo a Laplace: «Es curioso, pero no he encontrado en ellos mención alguna de Dios», a lo que marqués replicó: «Señor, no me ha hecho falta esa hipótesis».

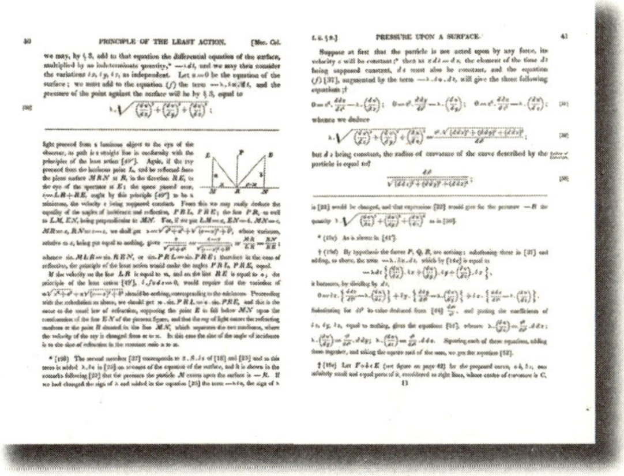
40 PRINCIPLE OF THE LEAST ACTION. [Méc. Cél.

PRESSURE UPON A SURFACE. 41

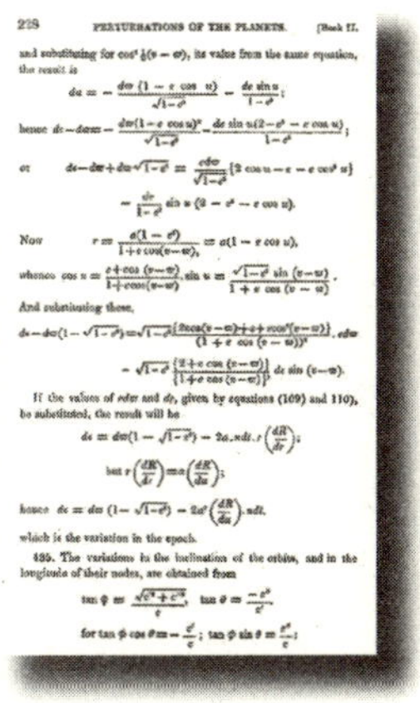
228 PERTURBATIONS OF THE PLANETS. [Book II.

A la izquierda, una doble página de la Mécanique céleste, *pero en versión inglesa, o mejor dicho, americana: fue traducida, sin comentarios ni simplificaciones, por el matemático norteamericano Nathaniel Bowditch. Resultó una tarea hercúlea, y ya puede apreciarse en dicha página la complicación de la edición original. Mary Somerville publicó en 1831 una traducción divulgativa, rigurosa pero comprensible, bajo el título* Mechanism of the Heavens. *A la derecha, una página de dicha obra.*

Mary se casó de nuevo en 1812, y su segundo esposo, un primo llamado William Somerville, que era entonces inspector de hospitales, resultó ser, en lo concerniente al talento y el ansia de saber, todo lo opuesto que se puede ser a Mr. Reid: no sólo era partidario de la instrucción femenina, sino que pronto se dio cuenta, y así lo manifestó, de que su esposa era mucho más inteligente que él. Siempre fue su ayudante más eficaz, llegando incluso a actuar de amanuense cuando hizo falta.

EL INCOMPRENDIDO MARQUÉS

Pierre Simon Laplace.

La historia cuenta que Mary conoció en persona en Francia al célebre marqués de Laplace, uno de los más deslumbrantes astros matemáticos de la historia y autor de la colosal *Mécanique céleste*. En una ocasión, en una conversación que sostuvo en París con Mary Somerville, Laplace le comentó con desmayo la poca atención con la que se le seguía en Gran Bretaña quejándose de la falta de comprensión de su obra —dificilísima— por parte de los ingleses; la leía y entendía muy poca gente. A pesar de sus reiterados esfuerzos, sólo tres mujeres inglesas, que recordara él, habían podido seguirle: «Sólo usted, Caroline Herschel y la señora Reid entendieron de verdad la *Mécanique céleste*», se lamentó. Laplace no tenía presente el rostro de la inteligente señora Reid (sólo la conocía epistolarmente); no era otra que la propia Mary Somerville, ya que Reid era el apellido de su primer marido. De manera que las mujeres inglesas que entendieron a Laplace ya eran sólo dos... En algunos casos, la anécdota excluye a Caroline Herschel del asunto; elijan la que les parezca.

El matrimonio terminó trasladándose a Londres, pues el marido fue ascendido y, algo más tarde, ingresó en la Royal Society. Mary leía ahora de todo, desde botánica a geología, y llegó a conocer a muchos sabios, sobre todo desde que se desplazara al continente europeo en compañía de su marido: Biot, Laplace, Poisson, Arago y un largo etcétera figuraban en su agenda. William fue ascendido de nuevo, y los Somerville pasaron a tener casa en Chelsea, entonces casi el centro del mundo.

Mary Somerville ya era todo un personaje famoso: en Inglaterra conoció a Babbage, a los Herschel y, entre otras cosas, se permitió estimular en el estudio de las matemáticas a una tal lady Lovelace, hija de lord Byron; de ello ya tendremos ocasión de hablar. Los honores ya estaban maduros para caer en su zurrón y fue nombrada, sucesivamente, miembro —muchas veces honorario pues los barbados académicos no olvidaban que Mary era mujer— de muchas sociedades. El gobierno de su Graciosa Majestad la obsequió con un sueldo por su sabiduría, que lord Melbourne fijó en £300 cuando fue primer ministro.

Se marchó a residir a Florencia para cuidar de la frágil salud de su marido. Vivió allí muchos años, y en Italia escribió *Physical Geography*, la obra que iba a representar su éxito editorial más notorio, pues como los *bestsellers* geofísicos de Élisée Reclus (1830-1905), decenios después todavía se leía entre el gran público.

A corta distancia de su muerte, a los 90 años, ya viuda, aún le quedaban energías a Mary: todavía era capaz de dedicarle, según testimonio propio, cuatro o cinco horas diarias al trabajo matemático. Muchos querrían hoy tener una mente tan despejada. Murió al poco, mientras dormía.

Cómo no, Mary Somerville posee un cráter lunar (cara visible) que lleva su nombre, homenaje póstumo de sus colegas, los astrónomos.

Al alcance de todos

Mary Somerville puede ser nombrada justamente la primera escritora de divulgación científica que ha dado la humanidad. Es decir, primero estudió, comprendió y dominó los temas, y luego, una vez asimilados, los escribió para que los entendieran, si podían, gentes de menos capacidad. En su esquela mortuoria de *The Times*, se destaca ese aspecto de su personalidad: se dice, por ejemplo, que su primer intento estrictamente experimental de ligar los rayos ultravioleta con el magnetismo resultó a la postre baldío; en cambio, se pone el acento en sus libros.

Como es lógico, se menciona en primer lugar la aventura de la *Mécanique céleste*; lord Henry Brougham (que entonces presidía la Cámara de los Lores), antiguo estudiante de matemáticas y filántropo, le propuso traducir este monumento matemático-astronómico para incluirlo entre las publicaciones de la sociedad para la difusión del conocimiento útil que su amable señoría presidía. Pero el encargo, aceptado tras muchas dudas, era excesivo a todas luces, dado el propósito del proyecto y lo monstruoso de la obra. Mary trató de poner al alcance de todos algo que, tal como había sido concebido en el original francés, estaba sólo al alcance de unos pocos. Cuando Mary dio por culminada su tarea le quedó en las manos un mamotreto tan grande que excedía las posibilidades de la benemérita sociedad. Sir John Herschel, tras leer la obra sugirió que emigrara al campo de la edición convencional —la publicó John Murray en 1831— y, para sorpresa de todos, fue un éxito. Apareció con el título de *Mechanism of the Heavens.*

Mary publicó en 1834 *The Connexion of the Physical Sciences*, una especie de visión general de la naturaleza muy elogiada por los conocimientos que mostraba sobre casi todo. Una auténtica «cosmovisión» digna de los conocimientos universales de Humboldt, el hombre que lo sabía todo del mundo, el autor de *Kosmos*. Es notable que, en una edición de 1842, llamara la atención desde sus páginas sobre unas pretendidas perturbaciones en el movimiento de Urano, mención que llevó al astrónomo John Couch Adams (1819-1892) a interesarse por la cuestión... y a codescubrir Neptuno. En *The Connexion of the Physical Sciences* pueden hallarse desde discusiones sobre la luz polarizada hasta debates sobre el problema de los tres cuerpos.

De modo subsiguiente apareció *Physical Geography*, una historia de la Tierra a la luz de lo que entonces sabía la ciencia. Ambas publicaciones le otorgaron a Mary un renombre y una fama, retribuidas en 1869 con la Medalla Victoria de la Royal Geographical Society. El mismo año apareció su última contribución, *Molecular and Microscopic Science*, un texto en el que se pasa revista a todo lo que se sabía en su época, fácil o difícil, sobre la ciencia del microscopio.

«En el terreno de la matemática pura —sostenía Alexander Humboldt—, la señora Somerville es fuerte». Realmente era fuerte. También era feminista, sobre todo a medida que avanzaba su existencia.

En la imponente y respetable Royal Society, en la Sommerset House, hay un busto de Mary, esculpido por sir Francis Chantrey, que adorna su vestíbulo. Una anécdota explica cómo el escultor accedio a las súplicas de una amiga, que quería conocer a Mrs. Sommerville, que por lo visto era una astrónoma célebre, lo que se dice un «cerebrín». Chantrey invitó a los pocos días a Mary a una cena informal y observó con satisfacción que las dos damas hacían muy buenas migas y se sintió satisfecho. Sólo que no le dijo a su amiga que aquella señora tan simpática, agradable y versada en ópera y otras frivolidades era Mrs. Somerville. Su amiga se mostró asombrada al saberlo de sus labios; ni siquiera se había apercibido de que aquella dama encantadoramente «normal» era la sesuda Mary Somerville.

El siglo XIX

Podemos decir con propiedad que la máquina analítica entrelaza patrones algebraicos del mismo modo que el telar de Jacquard lo hace con flores y hojas.
Ada Lovelace

Florence Nightingale creía —y obró en todo momento de su vida consecuentemente con esa creencia— que el administrador sólo podrá tener éxito si le guía el conocimiento estadístico.
Karl Pearson, estadístico y pensador

Muchas mujeres recorrieron el camino de sus derechos en el siglo XIX, el siglo que empezó con un género femenino sometido y adormecido y terminó con un siglo XX de esperanza y despertar. Mucho camino les quedaba aún por recorrer a esas mujeres ejemplares, muchos obstáculos les oponía la sociedad, pero fueron superándolos uno por uno. Las tres mujeres cuya biografía matemática esbozaremos a continuación vivieron en el siglo XIX y dejaron su poderosa impronta en él. No tuvieron una existencia reposada, ni aun dentro de la riqueza. Se enfrentaron a un mundo convencional y le añadieron la pimienta del pensamiento anticonvencional, aliñado con toneladas de inteligencia. Las visitaremos por orden de nacimiento.

AUGUSTA ADA KING, CONDESA DE LOVELACE (1815-1852)

El apellido de soltera de Augusta Ada es Byron, lo que nos indica que estaba emparentada con lord Byron, el poeta, aristócrata, aventurero y escritor —pero no matemático, más bien al contrario—, paradigma del héroe romántico, autor, entre otras obras, de *Las peregrinaciones de Childe Harold*. Ada era hija suya (su única hija legítima) y de Ana Isabel Milbanke, baronesa de Wentworth, aunque no llegó nunca a conocer personalmente a su padre: al cabo de un mes de nacer, Ada fue arrancada de la cuna por su madre, que huyó con ella. Era al año siguiente de la batalla de Waterloo. A saber qué razón real debía tener para tan arrebatado comportamiento, porque su padre aceptó sin oponerse la separación y luego la escritura de separación, todo ello sin rechistar, en una época en la que todos los jueces otorgaban a los padres y no a las madres la custodia de sus hijos en caso de separación. Se dice que lord Byron, que en cuestiones de sexo era muy liberal, sostenía simultáneamente relaciones incestuosas con su propia medio-hermana.

Lord Byron, con el traje típico albanés, pintado por Thomas Phillips en 1813, dos años antes del nacimiento de su hija Ada.

Ada Lovelace a los 21 años.
El retrato es obra de la pintora Margaret Carpenter.

Una existencia aristocrática

Lo cierto es que Ada creció bajo las alas protectoras de su madre y que lord Byron abandonó Inglaterra; falleció nueve años después luchando por la independencia griega. La constante presencia de su madre y la ausencia de su padre se sustanció en una persistente opinión adversa de Ada contra todo cuanto le recordara la figura paterna. De todos modos, lord Byron escribía a menudo a la abuela de la niña y seguía sus progresos.

Su madre era mujer de inquietudes matemáticas; así por lo menos figura en las pintorescas memorias de George Ticknor, que la describe como encantadora. El mismo Byron la llamaba, cariñosamente, «princesa de los paralelogramos». La madre de Ada, además de una controladora metomentodo deseaba que en su hija no se reprodujeran los rasgos del carácter poético y romántico de su padre, así que le pareció de perlas apartarla de la poesía a base de mucha educación matemática y una parte nada despreciable de jarabe de palo (sin necesidad de palo). La disciplina a la que fue sometida Ada desde niña era férrea, excesiva. Cuando era niña padeció varias enfermedades, incluyendo un sarampión maléfico que le dejó una parálisis temporal como secuela. De mayor, su salud fue siempre irregular.

Al principio prefería la geografía, pero fue cambiando paulatinamente de preferencias: tras seguir clases con varios tutores, terminó recibiendo formación matemática, para la que mostró gran disposición. Su último maestro, el gran Augustus de Morgan (1806-1871), magnífico escritor y primer profesor de matemáticas de la Universidad de Londres, hablaba muy bien de sus dotes. En 1834 conoció a Mary Somerville, quien ejerció con gusto el papel de guía científica de Ada. Poco antes, en 1833, conoció también a Charles Babbage, cuando todavía tenía 17 años. Éste les mostró a ella y a su madre la máquina en cuyo desarrollo trabajaba entonces, explicándoles su funcionamiento y los principios en que se basaba. Ada quedó muy impresionada. La primera máquina de Babbage se convirtió «en un amigo» de la familia. Ada ya se denominaba a sí misma «analista y metafísica»; la palabra «científico» no entraría en el diccionario hasta 1836, de la mano de William Wehwell. Quizás Babbage y Ada se hicieron amantes, pero las evidencias no son concluyentes.

La influencia de Babbage

El hombre cuyas ideas iban a tener una influencia determinante sobre los trabajos de Ada Lovelace fue el matemático Charles Babbage (1791-1871), quien ya empezó a dar muestras de su original temperamento en su primera juventud, cuando se embarcó en una auténtica cruzada contra la notación newtoniana del cálculo y tradujo una obra francesa con la notación continental —y objetivamente mejor— de Leibniz. En el periodo napoleónico eso era por completo iconoclasta en su país.

Pronto fue nombrado miembro de la Royal Society y profesor lucasiano de matemáticas en Cambridge, la misma cátedra que tuvo Newton. Era un tanto extravagante, aunque distinguido miembro del Parlamento, por lo que se le suponía una cierta compostura; mostraba un odio obsesivo hacia los organilleros callejeros. En cierta célebre ocasión osó escribirle al conocido poeta lord Tennyson para corregirle unos versos a su juicio falaces desde el punto de vista estadístico.

Abramos un paréntesis en la vida de Ada, puesto que fue presentada a la corte, conoció a William King, se casó con él, tuvieron tres hijos, y William heredó la titularidad de la casa de Lovelace, pasando su esposa a ser condesa de Lovelace.

En 1841, Babbage, que se había desplazado hasta Turín para promover la financiación de la que llamaba su «máquina analítica», consideró oportuno traducir un informe sobre ella. En Italia, un matemático y oficial de Ingenieros italiano, Luigi Menabrea —que, por cierto, andando el tiempo fue primer ministro de su país— recopiló en francés unas notas sobre la máquina analítica (*Esquema de la máquina analítica inventada por Charles Babbage*) que Babbage encontró interesantes; Ada invirtió casi un año en ponerlas en inglés, pero es que las acompañó de comentarios. Son todavía más profundos que las excelentes notas de Menabrea: una parte de ellos muestra cómo computar con la máquina algo tan complejo como los números de Bernoulli. Lo visionario del cálculo reside en que se da una secuencia de instrucciones o algoritmo, de manera que lo entienda la máquina. Se trata, en términos modernos, de un auténtico programa de computadora. Las notas de Ada, que triplican la extensión del artículo de Menabrea, aparecieron firmadas sólo con sus iniciales A. A. L. y no con su nombre (Ada Augusta Lovelace), pues con seguridad muchos barbados científicos no se las hubieran tomado en serio de saberse que las había escrito una mujer. Además, no se solía permitir que el apellido del marido se usara en la publicación de ningún libro.

En realidad, Ada iba más allá del simple cálculo: la máquina, adecuadamente instruida, podría, por ejemplo, componer música. O, mejor aún, y en palabras de Ada: «La máquina analítica borda patrones algebraicos, al igual que el telar de Jacquard borda flores y hojas».

El telar de Jacquard, a través de aberturas o perforaciones repartidas inteligentemente en placas planas (tarjetas), encaminaba ciertas hebras de hilo haciéndolas circular por trayectorias predeterminadas, a base de agujeros perforados en dichas placas o tarjetas interpuestas, con el resultado de que en los tejidos aparecían auténticos dibujos de colores; del mismo modo se podrían almacenar instrucciones de cálculo. Un conjunto de tarjetas perforadas se encargaría de las operaciones elementales, mientras que otro conjunto decidiría el orden y el momento en el que se aplicarían a determinadas funciones de cálculo. Ada llegó incluso a idear ocurrentes procedimientos para darle la vuelta a las tarjetas usadas y reutilizarlas de nuevo en las operaciones más sencillas y repetitivas (hoy este procedimiento estaría relacionado con los «bucles» de un programa), creando así el concepto de subrutina.

Ada dio un paso intelectual fundamental: una máquina tal podría manipular símbolos en lugar de simples números concretos. Ya no hablamos de simple cálculo, sino de computación en el sentido actual del término.

No obstante, Ada nunca propugnó la creencia de que la máquina analítica fuera capaz, milagrosamente, de crear nada. Lo que ésta pudiera realizar era imprevisible, pero su capacidad estaba limitada por la de sus creadores. «De donde no hay no puede brotar» dice un refrán, y ello no es más que una transposición popular del segundo principio de la termodinámica. Ni *Yo, robot* ni *Terminator* tienen cabida en este universo.

Telar de Jacquard, que funciona mediante el uso de tarjetas perforadas.

LOS NÚMEROS DE BERNOULLI

No es éste el lugar apropiado para desplegar como se merecen los números de Bernoulli, llamados así porque fueron introducidos por primera vez por Jakob Bernoulli (1654-1705) al estudiar las sumas de potencias de grado n de los m primeros números:

$$\sum_{k=0}^{m-1} k^n = 0^n + 1^n + 2^n + \ldots + (m-1)^n.$$

La suma resulta ser, de modo abreviado:

$$\sum_{k=0}^{m-1} k^n = \frac{1}{n+1} \sum_{k=0}^{n} \binom{n+1}{k} B_k m^{n+1-k}.$$

Y los B_k, siempre números racionales, son los números de Bernoulli. En concreto, ahí van los primeros:

n	0	1	2	3	4	5	6	7	8	9	10
B_n	1	−1/2	1/6	0	−1/30	0	1/42	0	−1/30	0	5/66

Pueden calcularse de un modo recursivo, por ejemplo mediante la fórmula:

$$B_0 = 1$$
$$B_m = -\sum_{j=0}^{m-1} \binom{m}{j} \frac{B_j}{m+1-j}.$$

Un procedimiento como éste puede desembocar en un secuencia finita de pasos o algoritmo, y eso es precisamente lo que hizo Ada Lovelace: creó una serie ordenada de pasos que permitían calcular cualquier número de Bernoulli valiéndose de la máquina de Babbage, aunque no se preocupó en exceso por la eficiencia del procedimiento, sino por su factibilidad.

Los números de Bernoulli son, lógicamente, infinitos; los impares, nulos para $n > 2$, y su valor, errático y, por ahora, impredecible. Están muy relacionados con la función zeta de Riemann y se les atribuye gran importancia futura en teoría de números.

En Internet existen magníficas webs dedicadas a ellos, gracias a las cuales sabemos cosas casi inconcebibles, como que la forma irreducible de la fracción $B_{10000000}$ tiene un numerador de 394.815.332.706.046.542.049.668.428.841.497.001.870 cifras. De momento es sabiduría inútil, pero nunca se sabe en qué parará todo.

LENGUAJES, PROGRAMAS Y RUTINAS

Lo primero que una computadora necesita para empezar a efectuar los cálculos que se le proponen es entender al usuario. Esto se consigue mediante un lenguaje, cosa que ciertamente Ada no inventó. A continuación, se necesita esquematizar y ordenar las instrucciones, de manera que los órganos lectores de la computadora puedan seguirlas, una tras otra. En lugar de ciertas variables colóquense las condiciones iniciales de cálculo y, a partir de ahí, la máquina funcionará sola. Si al principio se colocan otros valores, obtendremos un resultado por lo general distinto; aunque el cálculo sea distinto, las instrucciones no habrán variado, serán las mismas. Un solo conjunto de instrucciones sirve para muchos cálculos. Esas instrucciones, en versión muy elemental, se llaman «programa». Eso sí que casi lo inventó Ada —otros sostienen que Babbage ya se había apercibido del particular unos años antes— y lo aplicó al cálculo efectivo de los números de Bernoulli.

Dentro del programa puede haber fragmentos que efectúan operaciones repetitivas, a los que se recurre muchas veces: son las rutinas del programa, que pueden almacenarse en un registro de la memoria y recurrir a ellas cada vez que hagan falta.

Si una hipotética computadora se dedicara a multiplicar, el algoritmo completo de la multiplicación sería el programa, y la tabla de multiplicar por 3, por ejemplo, sería una rutina.

Fragmento inconcluso de la máquina analítica de Babbage.

Quizás haya llegado el momento de poner un cierto límite a la visión poco realista de la condesa romántica arrebatada por las matemáticas. En lo personal, era una condesa victoriana bastante al uso, amante de los espectáculos y de la danza, también un tanto indiferente al amor filial y a veces al conyugal, coleccionista de joyas y rodeada de perros. Padecía seguramente algún trastorno de tipo bipolar, pues alternaba periodos de maniática hiperactividad con momentos depresivos.

Entre sus amigos y corresponsales se contaron Dickens, Charles Wheatstone (el sabio electricista), David Brewster (el inventor del caleidoscopio) y Faraday. A medida que se adentró en la vida conoció las artes del coqueteo —y, seguramente, de los amantes ocasionales—: su marido llegó a destruir más de cien cartas consideradas de contenido impropio. También conoció el poder del alcohol y las drogas, y llegó a pensar, con su característico estilo analítico, en escribir un artículo acerca de sus efectos sobre ella misma. Descubrió, junto con Babbage, el encanto de las apuestas en los caballos, hasta el punto de lanzarse, con algo de inconsciencia, en brazos de apostadores profesionales desaprensivos —como un tal John Crosse—, que la metieron en oscuros asuntos de deudas. Puede ser llamada con justicia «encantadora de números», como la denominó Babbage, pero es lícito saber que a su fallecimiento aún adeudaba 2.000 libras a sus acreedores de apuestas.

El final de una larga historia

A los 36 años se le diagnosticó un cáncer de útero. Ada aguantaba el doloroso trauma a base de láudano, mezclas alcohólicas e incluso espiritismo, hasta que, en medio de su debilidad, intervino su autoritaria y controladora madre y todo fue a peor. La privó de los auxilios de los calmantes, considerando con píos argumentos que el sufrimiento la eximiría ante Dios de todos los pecados de infidelidad y ludopatía cometidos en el pasado. Ni que decir tiene que Ada falleció de todos modos en plena juventud y, eso sí, atravesando el purgatorio en vida. Fue enterrada cerca de la tumba de su padre. Su relación con Babbage se había ido enfriando, y también la que mantenía con su madre, pues descubrió pruebas de que su padre, lord Byron, no había sido tan malo como ésta le había hecho creer. Tras la

CHARLES BABBAGE Y SUS MÁQUINAS MATEMÁTICAS

En 1822, Babbage ya había concebido los fundamentos de una máquina mecánica que, dados los medios de la época, sólo podría contar con la fuerza motriz del vapor, y que era capaz de calcular tablas astronómicas automáticamente por medio del método numérico de las diferencias, aplicable a todos los polinomios. La máquina efectuaría sólo sumas —reduzcámosla a sus límites—, aunque muy deprisa, e imprimiría de modo automático los resultados, tomando los datos de uno para emprender, también de modo automático, el cómputo del siguiente. Quien se haya enfrentado alguna vez con las tablas de logaritmos astronómicas de 15 o más decimales, se hará una idea del progreso que esto significaba. El gobierno británico subvencionó el proyecto para construir una máquina tal de diferencias, hasta que, tras constatar que se habían ya invertido unas 23.000 libras, en 1834 cortó el grifo del dinero. Para entonces, Babbage ya había abandonado la máquina de diferencias en favor de una idea aún mejor y más avanzada: la máquina analítica.

Babbage concibió una calculadora automática, mecánica, por supuesto, en línea intelectual con la estructura de las modernas computadoras: una parte para calcular —la llamó «el molino»—, otra para controlar lo que se calcula y decidir qué en cada instante, otra parte destinada a almacén de números, una entrada y una salida. El control se ejercería con un sistema de tarjetas perforadas, procedimiento ya utilizado en la automatización de las figuras tejidas en los telares e inventado a principios del siglo XIX por el ingeniero francés Jacquard. En cuanto al almacén, podrían guardarse en él 1.000 números de 50 cifras a la espera de su reutilización, usando también tarjetas perforadas como soporte. Conceptualmente hay pocas diferencias entre la máquina analítica de Babbage y las modernas computadoras, y reside tan sólo en cuestiones técnicas, pues la imaginación y cerebro del matemático inglés iban muy por delante de las posibilidades ofrecidas por la

muerte de Ada, su madre le pidió a Babbage todos los papeles de la condesa con el ánimo de destruirlos, pero éste se negó en redondo a satisfacerla. Un año antes del fatal desenlace, la reina Victoria había inaugurado la Great Exhibition; la era victoriana entraba en su periodo más glorioso.

La figura de Ada se ha mitificado de un tiempo —bastante reciente— a esta parte, coincidiendo con el auge de las computadoras y el feminismo. Ahora hay incluso películas sobre ella, y libros, muchos libros. Existe tecnología entonces existente. Babbage no se involucró en la construcción de su segunda y visionaria criatura. La funcionalidad de la invención de Babbage era muy escasa contemplada desde nuestra perspectiva, pues contaba con poca memoria. Fue terminada, de modo experimental, en la década de 1990, y funcionó sin presentar problemas científicos. ¿Fue Babbage tan importante como se dice? Sin duda, aunque se pueda diferir al situarlo más o menos arriba en la consideración cultural popular. En la clasificación del libro *1000 years, 1000 people,* por ejemplo, Ada figura en el lugar 960. John von Neumann, quizás el máximo responsable moderno de la computación, ocupa el anterior, el 959. ¿Y Babbage? Pues el 351.

Charles Babagge, por Samuel Laurence.

asimismo un Ada Lovelace Day que se celebra anualmente para solidarizarse con los logros tecnológicos y científicos femeninos.

En la década de 1980 le llegó a Ada un tributo a su memoria digno de ella: el lenguaje computacional catalogado como MIL-STD-1815 por el Ministerio de Defensa estadounidense fue bautizado como ADA. Nótese que el número 1815 es el año de nacimiento de Ada Lovelace. En 1984 ADA se convirtió en inmortal: pasaba a ser una marca registrada.

FLORENCE NIGHTINGALE (1820-1910)

En el imaginario popular hay personajes como Albert Schweitzer o Alexander Fleming que son la encarnación del bien, son buenos por definición. Entre las mujeres, seguramente por falta de costumbre, dejando al margen a la madre Teresa de Calcuta, hay que buscar un poco más.

En los países de habla inglesa existe una figura femenina que ostenta asimismo la marca de la bondad, a la que se supone buena por antonomasia. Se trata de Florence Nightingale, a la que en algunas enciclopedias se la define como enfermera y estadística, una curiosa mezcolanza de profesiones.

En Londres, enfrente mismo del Mall, a dos pasos del Parlamento, en lo que llamaríamos la zona noble de la ciudad, hay una estatua de Florence con su inconfundible vestido victoriano y su aspecto un tanto monjil. Nadie diría que esta severa imagen es un icono gay —aunque nunca se le haya probado veleidad sexual alguna—, una reformadora social extraordinaria y una defensora encarnizada del acceso femenino a la educación... así como una muy buena matemática.

De la cuna a Crimea

Si Florence hubiera nacido en el seno de una familia inglesa humilde, no habría tenido acceso a casi ninguna educación. El destino decidió en su favor que fuese la hija segunda de un matrimonio de posibles. Su padre había recibido un título en Cambridge y fue obsequiado al poco con una de esas herencias vinculadas al apellido tan típicas del mundo anglosajón. Cambió su apellido —de Shore a Nightingale— y se convirtió en un hombre rico al heredar una propiedad a cambio de que no se perdiera un linaje. Lo que no cambió fue su respeto por la educación, pues él mismo se encargó de transmitírsela a sus hijos. Eso sí, cuando después de leer a Euclides su hija segunda le solicitó aprender más matemáticas, tuvo un sobresalto y problemas de conciencia: ¡pero si las matemáticas no le servirían para nada a una señorita! Su esposa pensaba lo mismo: «¿De qué le sirven las matemáticas a una mujer casada?», gemía quejumbrosa. Y entre los tres se entabló una discusión que terminó ganando Florence: estudiaría más matemáticas. Se inclinaba por la interpretación estadística de los datos en la línea de Adolphe Quetelet (1796-1874), con quien mantuvo correspondencia. A los 17 años, Florence recibió —o eso creyó— un mensaje divino, o quizá fue la consecuencia lógica de su entorno y de su carácter entregado. El caso es que decidió consagrar su existencia a Dios y a los demás y, por lo tanto, no casarse nunca. Y no es que le faltaran oportunidades, pues era rica, inteligente y agraciada, y se le conocieron varios pretendientes.

Estatua de Florence Nightingale en London Road, en Derby, en el exterior de la antigua Derbyshire Royal Infirmary.

Una estancia en Alemania le puso en contacto con la comunidad luterana de Theodor Fiedler, que influyó poderosamente en sus decisiones posteriores. Florence tomó la determinación, ya en 1844, de concentrar sus esfuerzos al servicio de los necesitados en una sola empresa, la mejora de las condiciones de vida —mejor sería decir de muerte— en los hospitales, auténtica sima de cadáveres en su tiempo. Siempre fue una trabajadora incansable y su decisión entrañaba una dedicación también incansable.

Para entendernos bien en lo que sigue, hagamos un poco de historia. En 1853 estalló el conflicto militar entre Rusia por un lado y Turquía, Francia e Inglaterra por otro, la llamada guerra de Crimea. La razón era el reparto del pastel del declinante Imperio otomano. La acción bélica es recordada por los amantes de lo militar —y del cine— por la célebre, «deportiva» y desastrosa «carga de la caballería ligera» inglesa en Balaclava, donde al parecer el ejército montado inglés confundió la caza del zorro con la guerra y por poco no quedan jinetes para contarlo. La conflagración concluyó en 1856, con la derrota —no reconocida pero efectiva— del bando ruso.

La dama de la lámpara

En 1854, Florence, que mantenía una firme amistad con Sidney Herbert, que llegó a ser Secretario de Guerra, pidió a éste ser enviada al escenario de la guerra de Crimea para ayudar en la gestión de los hospitales —hay que explicar que el número de bajas que se daba en éstos era alarmante, incluso para la época—. De hecho, resultó ser superior el porcentaje de bajas producido en el hospital que en campaña. La cruda realidad de los hechos prueba que, de resultar gravemente herido, era casi mejor que te remataran *in situ*. Como es natural, ninguna cifra real estaba disponible ni era enteramente fiable; todo era difuso y no cuantitativo.

Florence partió hacia Crimea al frente de una tropa de 38 enfermeras y comisionada por el gobierno de su Graciosa Majestad para intentar ayudar. Y vaya si ayudó, y utilizando el sentido común y la simple compasión más que la ciencia. Desde el principio dejó claro que su labor para nada entorpecería a la de los médicos y que respetaría tanto sus métodos como sus conocimientos. Tampoco introdujo medidas de higiene por razones de contagio por gérmenes, pues entonces los estudios de Pasteur y la cruzada antiinfección de Semmelweis estaban aún por venir y poco se sabía del particular. Pero lo que sí practicó Florence fue el trato humano, el cuidado individual y la limpieza, desterrando las creencias poco profesionales de las enfermeras no cualificadas y la general dejadez hospitalaria. Antes de ella era corriente que los heridos atendieran a los que estaban aún en peor estado y que muchos pacientes carecieran hasta de un lecho apropiado.

El hospital de guerra del ejército se encontraba en Escútari, apartado del frente. Era un conjunto de barracones sucio y enorme, sin distinción entre salas de cirugía y salas para los heridos; no había cocinas ni lavanderías. Todas las medicinas y suministros médicos estaban sujetos a la cansina burocracia militar, que los examinaba primero cuidadosamente y los enviaba, siempre tarde, a su destino. Como es natural, no había enfermeras y los médicos escaseaban. En tan atroces condiciones no es extraño que proliferasen alegremente el cólera, el tifus y la disentería, y que los enfermos, por ejemplo, yacieran sin lavar y privados de sábanas, embutidos en sus sucios uniformes de campaña, tiesos ya de tanta porquería acumulada.

Allí en el hospital de Escútari nació la leyenda de «la dama de la lámpara»: imagínese lo que tenía que ser, para un herido de guerra medio insomne, que una dama, armada de una sencilla lámpara, se paseara de noche, haciendo una ronda para comprobar si todo estaba bien y para aportar consuelo y calor humanos a los que lo necesitaran. La portadora de la lámpara no disponía de penicilina, pero calidez e interés por todos los tenía a raudales. Florence se trajo de Turquía una brucelosis —la llamada fiebre de Malta— y unas ideas claras de cómo combatir tanta dejadez, respaldadas por estadísticas inapelables. La administración militar, molesta porque alguien osara meter las narices en su terreno, llegó a rebautizar a Nightingale como «la dama del martillo», pero Florence siguió con su campaña reformadora.

La mortalidad, como consecuencia de las medidas de Florence, bajó. No hay cifras consensuadas de cuánto, pero bajó. Algunas fuentes, probablemente exageradas, hablan de un 40%. Florence regresó a la patria y consiguió que se votara la formación de una comisión para la reforma del sistema hospitalario del ejército. Dos importantes ayudas se concitaron para impulsar tal reforma. Por un lado, un poderoso auxilio político: se interesaron en el tema la reina Victoria, su marido, el príncipe Alberto, y el primer ministro, lord Palmerston. El interés real es menos extraño de lo que parece, pues la propia reina, al margen de lo que sugiere su pacata sociedad, es el mismo personaje que utilizó por primera vez la anestesia en un parto, importándosele un ardite toda la palabrería religiosa acerca de parir a los hijos con dolor.

Litografía de 1856 que muestra una sala del hospital de Escútari, en el que Florence sirvió como enfermera.

La segunda arma con la que contó Florence fue la estadística. Consideró y clasificó con cuidado y exactitud irrebatible sus datos y tuvo la inteligencia de hacer comprensibles las, por otro lado, áridas estadísticas gracias al uso de dibujos claros y elementales, los diagramas o gráficos polares, una variedad de los modernos histogramas que en nuestros días llamaríamos irreverentemente «gráficos de quesitos». Apoyándose en tales gráficos quedaron demostradas las tesis reformistas hasta para las mentes más recalcitrantes. Es proverbial el excelente uso que Florence hacía de los datos, recopilándolos, tabulándolos, presentándolos e interpretándolos con inteligencia y tino. Andando el tiempo incluso diseñó patrones de recopilación de datos que las instituciones hospitalarias debían rellenar para convertirlos en estadísticas relevantes y tomar decisiones prácticas.

En 1858 se la nombró miembro de la Royal Statistical Society —la primera mujer que lo consiguió—, y en 1874, de la American Statistical Association.

Sería muy largo, y aquí carecería de sentido matemático, hacer una relación de las tareas en que se centró Florence. Citaremos que puso el énfasis en la creación de una enfermería moderna, con conocimientos complementarios a los médicos, la reforma de las instituciones dedicadas a los pobres, el estudio estadístico de la mortalidad y de los nacimientos y, a largo plazo, medidas para combatir la hambruna periódica en la India.

En 1883 la reina Victoria le concedió la Real Cruz Roja. En 1901 quedó ciega. Y en 1907, el rey Eduardo VII le otorgó la Orden del Mérito, un galardón especial, tanto por su importancia como por ser la primera mujer que lo recibió. Con posterioridad han recibido tal distinción Margaret Thatcher, Joan Sutherland, la madre Teresa y muy pocas más.

Cuando falleció, en 1910, estaba ya considerada por encima del bien o del mal. El obituario de *The Times*, por ejemplo, es inmenso, y ocupa más de media página. Seis sargentos llevaron su ataúd a cuestas. No está enterrada en la abadía de Westminster porque así lo había decidido en vida. Sobre su novelesca y «blanca» existencia se han filmado, de momento (hasta el año 2011), cuatro películas y numerosas series televisivas. Lytton Strachey le dedicó una parte de *Eminent Victorians*, que es un homenaje literario casi definitivo. Pero también ha aparecido en otros libros y poemas, uno precisamente de Longfellow, que retrata a la dama de la lámpara y que contiene cuatro versos inmortales para los ingleses:

Lo! in that house of misery	*¡Mirad! En aquella casa de aflicción*
A lady with a lamp I see	*Veo una dama con una lámpara.*
Pass through the glimmering gloom,	*Pasa a través de las vacilantes tinieblas*
And flit from room to room.	*y se desliza de sala en sala.*

LOS GRÁFICOS ESTADÍSTICOS

Técnicamente hablaríamos hoy de histogramas, pero en la época de Florence carecían de denominación específica. Nightingale utilizó los gráficos circulares —que se denominaron *coxcombs* («crestas de gallo») o gráficos polares de área—, que entran realmente por la vista y convencen sin necesidad de muchas explicaciones. No los inventó ella, sino que el primero que los empleó fue John Playfair (1748-1819). También empleó otros tipos de histograma, como por ejemplo los de barras, cuando lo consideró necesario. Hay que remarcar la importancia del astuto proceder de Florence: mostrando sencillos dibujos, casi autoexplicativos, que cualquiera podía entender, consiguió convencer a todo tipo de mentalidades, incluso a las más reticentes. En afortunada expresión de Paul Lewi, ella lideraba un *lobby*, reformista pero *lobby* al fin y al cabo. Su dominio de la ciencia estadística era, no obstante, limitado, pues en su tiempo no se conocían, por ejemplo, el análisis de la varianza y la covariancia, de modo que no se podía analizar una por una las causas y efectos de cada variable en el panorama general.

Florence Nightingale está considerada una de las pioneras de las estadísticas médicas. A ella se le debe la denominación «estadística aplicada», y ejerció una influencia nada despreciable en figuras como Francis Galton y Karl Pearson.

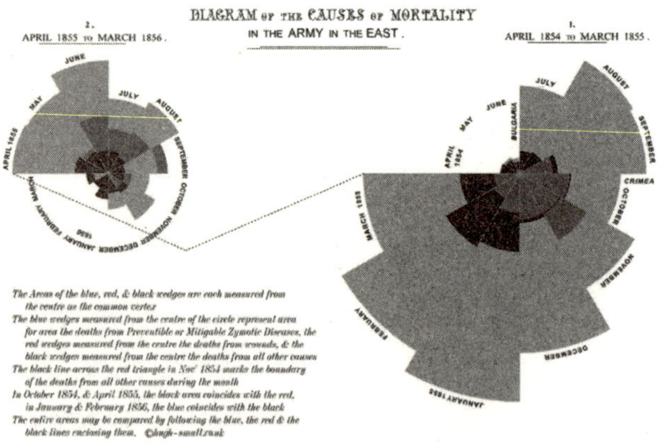

Diagramas de Florence Nightingale extraídos de A Contribution to the Sanitary History of the British Army during the Late War with Russia, *explicativos de la mortalidad en la guerra de Crimea. Los sectores circulares son mensuales: las zonas más claras contabilizan las muertes por enfermedades infecciosas; las intermedias, los fallecimientos por heridas, mientras que las más oscuras engloban todas las otras causas.*

SOFIA KOVALEVSKAYA (1850-1891)

No es habitual que un matemático sea a la vez político y escritor, como lo fue Sofia Kovalevskaya, aunque hay antecedentes. En época reciente, Theodore Kaczynski (n. 1942), más conocido por *Unabomber*, era matemático y terrorista, y André Bloch (1893-1948) tuvo el honor de ser al mismo tiempo matemático y presidiario: era parricida confeso, pues asesinó a su hermano. Podríamos citar otros casos, pero la mayoría son por el estilo, así que lo mejor será no insistir en el particular. En lo que sí insistiremos es en la personalidad de Kovalevskaya, pues vale la pena.

Sofia Kovalevskaya.

De la inmensa Rusia a la vecina Europa

En muchos lugares de Europa central todavía se recuerda al rey de Hungría Matías Corvino (1443-1490), también llamado «Matías el Justo»; al parecer, o al menos así cuenta la leyenda, el rey tenía por costumbre disfrazarse de plebeyo, confundirse con la gente y pulsar en primera persona sus opiniones. Una descendiente suya, bautizada Sofia —Sonia, según la llamaban—, iba a hacerse muy famosa. Sofia Corvino Krukowskaya nació en 1850, hija de un general zarista que cuando alcanzó el retiro eligió vivir cerca de la frontera lituana, en un lugar apartado llamado Polibino. El general y su mujer —de la familia Schubert, astrónomos conocidos— vivían algo apartados de su familia, y en particular de sus hijas, pues tenían que frecuentar la lejana corte rusa. Toda la educación que adquirió Sofia se debió a su gobernanta. Su abuelo, que sentía gran admiración y respeto por las matemáticas, fue el primero que despertó su interés por conocerlas.

En tan perdido lugar las provisiones de papel para empapelar —y las casas ricas se empapelaban todas— acostumbraban a retrasarse por varios meses. Por fortuna, la habitación de los niños podía empapelarse con cualquier cosa, incluso con papel de segunda mano a la espera del definitivo. Y papel había, como por ejemplo unos antiguos apuntes del general que contenían un curso de cálculo diferencial e integral de Ostrogradski (1801-1861), un excelente matemático que había sido también inspector de enseñanza de las escuelas militares. Las fórmulas del curso describían curvas incomprensibles —eran integrales y derivadas parciales—, pero hermosas, y Sofia las seguía con su índice sin entenderlas pero llena de fascinación. Ostrogradski había sido una gran figura, pero sus fórmulas eran arcanos irresistibles, sobre todo si uno las contemplaba cada día en las paredes de la habitación.

Sofia era una alumna muy despierta. Un visitante asiduo, el profesor Tyrtov, que era físico, le trajo como obsequio un libro de física. Acababa de escribirlo, y resulta que la parte de óptica estaba repleta de fórmulas trigonométricas; ante el asombro del visitante, Sofia lo descifró y penetró profundamente en los secretos trigonométricos, que en el libro ni siquiera figuraban. Sofia había desarrollado, ella sola y por su cuenta, la trigonometría elemental. Tyrtov, un tanto asombrado, habló con el padre de Sofia, un hombre chapado a la antigua que veía mal, con estólida desconfianza rusa, militar y decimonónica, que una mujer estudiara, y menos matemáticas, pero ante la insistencia de todos se dejó convencer. Dejaría estudiar a su hija en San Petersburgo, aunque no por eso renunciaría a que se convirtiera en una señorita, tal como él entendía que había de ser una señorita.

Sofia empezó a comprender, maravillada, los símbolos de Ostrogradski que decoraban las paredes del cuarto de los niños y marchó al paraíso ciudadano de los estudios en busca de más conocimientos; además, escribía muy bien, aparte de ser muy buena matemática. Un buen día se le terminó el combustible; deseaba viajar, instruirse y seguir su formación pero su familia le impedía salir de San Petersburgo.

Aquí intervino Fedor Dostoyevski, el célebre escritor de cuyo círculo formaba ya parte la hermana de Sofia, Aniuta. En la Rusia de aquel tiempo la *intelligentsia* era una clase social muy movida; el nihilismo, entre otras ideas entonces progresistas, estaba de moda, y Dostoievski era uno de sus adalides. Los seres libres habían descubierto el truco para conquistar la libertad: el matrimonio blanco. Tómese una pareja, progresista pero muy tolerante; si ambos se casaban pero se prometían un matrimonio casto, el componente femenino adquiría automáticamente todos los derechos de una mujer casada. En concreto, si el marido lo permitía, a la cónyuge no se la podía privar de pasaporte y del consiguiente derecho de viajar al extranjero, y más si el marido acompañaba a la esposa en el periplo. Lo que Dios ha unido, que no lo separe el hombre, y menos un padre indignado.

Sofia encontró su media naranja —se dice que a través de un sorteo— en un joven llamado Vladimir Kovalevski (Kovalevskaya es, en ruso, el femenino de Kovalevski), que era un prometedor estudiante de geología, conocía a un inglés llamado Darwin y estaba dispuesto a viajar, estudiar y compartir la vida con Sofia. La vida, aunque no el lecho matrimonial, que estaba excluido. No es broma, pues Sofia, como atestiguan las fotos, era una mujer muy atractiva.

Una rusa progresista

Los Kovalevski marcharon a Heidelberg, pero al cabo de un par de años Sofia estaba en la convicción de que sus matemáticas necesitaban otro escenario mayor que Heidelberg. Lo sabía ya todo, y lo que le quedaba por saber sólo lo encontraría en la capital, en Berlín, y bebiendo la sabiduría directamente de la fuente original. En ecuaciones diferenciales y cálculo, Weierstrass, en Berlín, no tenía rival. Marchó pues a Berlín y se topó allí con el primer chasco antifeminista de su devenir científico: el acceso a las clases, y no digamos a los títulos académicos, estaba vedado a las mujeres, seres inferiores de acuerdo con la creencia académica imperante.

En el mundo matemático de Berlín la figura reinante era el atlético, pero ya algo veterano, Karl Weierstrass, un gran matemático, casi autodidacta y fanático del rigor. Como Sofia no podía asistir en público a sus enseñanzas, le pidió que le diera lecciones en privado, a lo que Weierstrass accedió con educación pero con cierto fastidio. Sin duda para sacarse de encima a su bello pero molesto moscón ruso, Weierstrass le impuso como trabajo previo algunos ejercicios muy complicados que hubieran terminado con la paciencia de cualquiera. Recibió como respuesta los ejercicios, no sólo resueltos, sino acompañados de razonamientos frescos e incisivos. Weierstrass cambió enseguida de idea. Quizás aquella mujer era mucho más inteligente de lo que él había creído. Decidió darle clases, de lo cual nunca se arrepintió. Tras años de preparación, Sofia dedicó su tesis doctoral, cómo no, a las ecuaciones diferenciales. Para que no quedaran dudas, a su tesis le sucedieron un par de trabajos importantes, incluyendo uno sobre los anillos de Saturno. El artículo de Kovalevskaya, escrito de *motu proprio* y sin que Weierstrass se lo indicase, lleva un título temible, *Zusätze und Bemerkungen zu Laplace's Untersuchungen über die Gestalt der Saturnringe*, y trata sobre la forma y estabilidad de los anillos sin aportar nada que en la actualidad se considere revolucionario. Hoy ya sabemos que los anillos no son sólidos, y hasta hemos enviado sondas espaciales para atravesarlos, pero entonces no se sabía apenas nada, sólo podía especularse sobre ellos.

Ponderado todo eso, y dado que el primer papel de Sofia tuvo el inaudito honor —para una mujer— de ser publicado en el *Journal de Crelle*, la universidad más importante del mundo en matemáticas, la Universidad de Gotinga, le concedió en 1874 el tan anhelado título de doctor.

La perversa trampa antifemenina, no obstante, carecía de resquicios. Sofia, tras formar sus conocimientos matemáticos en la escuela de Weierstrass, sabía, sin duda, muchas matemáticas, muchas más que algunos de los varones que la rodeaban, pero la sociedad académica no le permitía enseñarlas. Era imposible conseguirle un puesto entre el profesorado,

KARL WEIERSTRASS (1815-1897)

Se considera a Weierstrass el padre del análisis moderno, con su afán de rigor y sus ε y sus δ por delante. Sus definiciones de límite y de continuidad son algo plúmbeas, pero se han hecho legendarias al pasar a la enseñanza. Y es verdad, pero no es toda la verdad. La verdad es que era un matemático excepcional se mire por donde se mire. Siempre mostró unas dotes por encima de lo normal en dicha ciencia, pero sus anhelos no se vieron nunca satisfechos. Su padre se empeñó en que estudiara abogacía, economía y finanzas. Dividido entre su deseo y su deber, Weierstrass empleó su tiempo entre la esgrima y la bebida, destacando en ambas. Terminó como simple profesor de Gymnasium, enseñando no sólo matemáticas sino incluso caligrafía. Por fortuna, nunca abandonó del todo el estudio de las matemáticas —le interesaban entonces las funciones elípticas—, y se le presentó la oportunidad de publicar en el *Journal de Crelle* un artículo sobre las funciones abelianas, con el cual saltó de pronto a la fama académica. Weierstrass terminó de profesor en la Universidad de Berlín, donde se labró un prestigio imperecedero. Allí, en 1870, conoció a Sofia Kovalevskaya, por cuyo talento y belleza sintió siempre una gran admiración. Al parecer, cuando descubrió que estaba ya casada con Vladimir experimentó cierta decepción, pues abrigaba algunas esperanzas. Su labor docente ha de ser considerada como excepcional, ya que entre sus numerosos discípulos se cuentan, entre otros, a Cantor, Frobenius, Hurwitz, Klein, Lie, Minkowski, Mittag-Leffler y Schwarz. Para tener una idea de su capacidad de trabajo digamos que su obra completa ocupa seis volúmenes.

pues la capacidad de transmitir el conocimiento residía, al parecer, en cierta conformación divina ligada *per se* al sexo del enseñante.

Sofia regresó a Rusia en busca de un empleo en su patria, empleo que no encontró y que su formación entre nihilista y feminista no le facilitó.

Heredó de su padre, pero la inversión de la herencia, en manos de Vladimir, no funcionó bien y el dinero se perdió. Aparcó las matemáticas y se dedicó a la literatura.

Se dice que del rozamiento se genera calor, y los Kovalevski no eran inmunes a esta ley física; tanto se rozaron en su ficticio matrimonio blanco que acabaron enamorándose el uno del otro. En 1878 nació su hija Sofia.

Con el tiempo Vladimir, que ya era profesor de Paleontología en Moscú, se apartó cada vez más de su actividad científica, pasando a ocuparse de negocios especulativos que no le funcionaron bien. Fue cayendo en una espiral de depresiones y terminó poniendo fin a su vida.

Acompañada de su bebé, Sofia volvió a Alemania, a cobijarse bajo las alas protectoras de Weierstrass, aunque sin éxito, en la consecución de un puesto académico. No había oportunidades profesorales para una doctora en matemáticas, por buena analista que fuera.

Sofia junto a la hermana de Mittag-Leffler, Anna Carlotta Leffler. La pasión por la literatura unió a estas dos mujeres en una gran amistad hasta la muerte de Sofia.

En la nórdica Suecia, por fortuna, reinaba una opinión más tolerante, y por ese resquició se coló el sentido común. Sofia había conocido a Gösta Mittag-Leffler (1846-1927), por aquel entonces el primer matemático de Suecia, quien tenía una alta opinión de su formación e inteligencia. Por mediación de él consiguió un empleo en la Universidad de Estocolmo y se hizo un lugar en ella, alternando las matemáticas y la literatura. Seis meses más tarde accedió a un puesto de profesora, convirtiéndose en la primera mujer del mundo moderno que ejerció como tal. Con la hermana de Mittag-Leffler, Anna, le unió una fuerte amistad. Ambas cultivaban la literatura, y se prometieron mutuamente que cuando una de ellas muriera, la superviviente escribiría la biografía de la fallecida; Sofia murió antes y Anna cumplió su promesa.

En París se había convocado para 1888, y a través de la Academia de las Ciencias, el prestigioso Premio Bordin de matemáticas, dotado con 3.000 francos para el ganador. Todos los amigos próximos a Sofia sabían que se presentaría. El sujeto era siempre el mismo: aportar algo nuevo al conocimiento del movimiento de un cuerpo rígido que se mueve alrededor de un punto bajo la influencia de la gravedad. Las formas eran también siempre las mismas: cada trabajo se ligaba con una sentencia a una plica o sobre cerrado y los jueces sólo podían tomar en consideración el contenido. El nombre del autor de cada trabajo permanecía oculto para todos hasta la adjudicación del galardón y era sustituido por un lema literario. La frase elegida por Sofia fue «Di lo que sepas, haz lo que debas, pase lo que pase». El año 1888 se presentaron quince aspirantes, y el premio recayó en un brillante trabajo que se titulaba, traducido, *Memoria sobre un caso particular del problema de la rotación de un sólido alrededor de un punto fijo, donde la integración se efectúa con la ayuda de integrales hiperelípticas*. Como puede notarse, el título es ampliamente descriptivo —e incomprensible—. Cuando se leyó en voz alta el nombre del ganador, algo así como un estremecimiento debió de recorrer al distinguido auditorio: el ganador del concurso era una mujer, Sofia Kovalevskaya. Todos los amigos de Sofia sabían que aspiraría al Premio Bordin, así que su triunfo fue doblemente apoteósico. Cuando Sofia se enteró, poco antes de Navidad, también debió de estremecerse, pues era una distinción y representaba un triunfo a nivel mundial. Al otorgarlo, el jurado subió el importe del premio a 5.000 francos, dada su alta calidad. Los trabajos posteriores de Liouville y Husson demostraron que las soluciones halladas por Sofia cubrían todo el abanico posible —en casos, digamos, «normales»— y, por tanto, que su artículo era definitivo. Weiertrass le escribió desde Alemania: «No hace falta que diga cómo vuestro éxito ha alegrado mi corazón y el de mis hermanas, así como de todos vuestros amigos aquí. Yo, en particular, he experimentado una verdadera satisfacción; jueces competentes han pronunciado ahora su veredicto: mi alumna fiel, mi "debilidad", ya no es una frívola marioneta». Sofia ya era «alguien» por sí sola, por sus propios méritos y sin estar a la sombra de nadie.

En 1891 Sofia se enamoró de nuevo. No hemos puesto énfasis en sus frecuentes arrebatos de pasión porque fueron bastante numerosos y relativamente poco relevantes en su carrera científica. Esta vez se enamoró de un primo lejano, y tras pasar a su lado unas vacaciones en Francia, regresó a Suecia. En el accidentado viaje de regreso atrapó un resfriado, que degeneró en neumonía. A fines de siglo, sin antibióticos, la neumonía era una enfermedad muchas veces asesina. Falleció poco después de cumplir 41 años, en plena actividad intelectual. El comentario del ministro ruso del Interior no tiene desperdicio y explica muchas cosas sobre el destino del régimen zarista: «Total, no hay para tanto —vino a decir—. Al fin y al cabo sólo se ha muerto una nihilista».

Un legado popular

Lo que Sofia nos ha legado es considerable. En lo estrictamente matemático su impronta ha sido significativa y su huella en el análisis no es nada despreciable. Hay un teorema, llamado teorema de Cauchy-Kovalevski, cuyo enunciado es algo complicado para explicarlo aquí e involucra derivadas parciales y funciones analíticas; en pocas palabras, es difícil de enunciar, de entender y, para el lego, bastante incomprensible. Trata de los sistemas lineales de derivadas parciales que cumplen determinadas condiciones de contorno y de la existencia de soluciones analíticas de tales sistemas. Lo publicó en 1980 por primera vez el *Journal de Crelle*, la revista «seria» de matemáticas de su época bajo el título *Zur Theorie der Partiellen Differentialgleichung*, y fue muy celebrado; lo que nos llama la atención es la autoría que figura en el artículo, pues parece deberse a una tal frau Sophie von Kovalevski, a la que le ha crecido un caballeresco «von» en pleno apellido. Este trabajo ha perdurado incluso más que el que ganó el Premio Bordin y que tantos desvelos le costó a la autora.

Los intereses de Sofia Kovalevskaya no se limitaban a los estrictamente matemáticos. Una de sus frases más difundidas, convertida casi en icono, dice: «Es imposible ser un matemático sin guardar a un poeta en el alma». En su caso es más que un hermoso pensamiento, pues Sofia escribió bastante literatura y en bastantes lugares, tanto artículos sueltos como libros completos. Aun sin ser su obra más importante, sus *Memorias de niñez* son un modelo de introversión y autoanálisis. En Suecia se publicaron con razonable éxito y difusión un par de novelas de Sofia; sin duda habría podido triunfar en este campo de haber perseverado en él.

Conoció a muchos grandes de este mundo, unos por su cuenta, y otros porque eran amistades de su marido. Entre su círculo pueden encontrarse a matemáticos como Weierstrass, Mittag-Leffler, Hermite, Picard, Poincaré, Chebyshev, etc., pero se encuentra también a Dostoievski, Turguenev, Darwin (le tradujo varias obras para la editorial de Vladimir), Thomas Huxley, Bunsen, la novelista George Elliot, el explorador y Premio Nobel Fridtjof Nansen, el propio Alfred Nobel, la química Julia Lermontova, Herbert Spencer, Helmholtz, Ibsen, Kirchhoff, Mendeleiev... Es un amplio ramillete de conocidos que, en general, opinaron siempre bien de su inteligencia y modestia y, por qué no decirlo, de su físico, pues era una mujer bella. Y que no se nos olvide, pues no se les olvidó a los astrónomos: hay un cráter lunar que nos recuerda su nombre, y lo seguirá haciendo mientras la Luna, sólido rígido, gire alrededor del centro de la Tierra. Al igual que en el Premio Bordin.

Amalie «Emmy» Noether, reina sin corona

Según el juicio de los más eminentes matemáticos en vida, Emmy Noether era la más importante inteligencia matemática creativa que ha nacido desde que comenzó la educación superior de las mujeres.

Albert Einstein

Sí, Einstein tenía razón, y Emmy Noether (1882-1935), a la que nunca tuvo de compañera residente en el Institute for Advanced Study de Princeton a pesar de merecerlo sobradamente, era una mente matemática extraordinaria, quizá la matemática más grande que ha existido o, por lo menos, de la que se tiene conocimiento. No fue el único en reconocerlo: Norbert Wiener la colocó al mismo nivel que la doble Premio Nobel Marie Curie —que, por cierto, era una excelente matemática—.

También es una figura sobre la que se han hecho bromas del más recargado mal gusto. Recordemos la inmortal sentencia del deslenguado Edmund Landau: «Puedo dar fe de su genio matemático, pero no puedo jurar que sea una mujer». Y es que el aspecto de Emmy era hombruno, sobre todo cuando en medio de una clase o un debate científico se olvidaba de todo, según testigos presenciales: se olvidaba de la estabilidad de su peinado, de no limpiarse en el vestido, de masticar adecuadamente los bocados y de otras varias cosas que la tornaban poco femenina a los ojos de la pacata sociedad alemana de entonces. Algo sobre lo que tampoco ejercía dominio alguno era su extremada miopía, que la obligaba a llevar antiestéticos anteojos con cristales de culo de vaso, otorgándole de entrada un aspecto de búho inquisidor. Pero, además, hay que añadir a todo eso su costumbre de vestir muchas veces, por razones prácticas, un sombrero masculino y acarrear una carpeta de piel repleta de papeles que la hacía parecer un agente de seguros. El mismo Hermann Weyl, ex alumno y admirador rendido del talento matemático de Emmy, resumió, con bastante ponderación, todas las opiniones sobre ella: «Las Gracias no estuvieron al lado de su cuna».

Emmy Noether en un retrato de juventud.

El patito que se convirtió en cisne

La sociedad en medio de la cual nació Amalie Noether era la de la asfixia femenina. Reinaba el imponente Guillermo II, el káiser indiscutido, amante de las inauguraciones y recepciones con descenso solemne del tren y discurso del alcalde incluido. Quien se encargaba realmente del trabajo sucio era el canciller Bismarck, el «Canciller de Hierro», al frente de una estructura social y estatal conservadora y pasablemente anquilosada, diseñada para impedir la educación femenina, una idea tildada de socialista. Un ejemplo de la actitud general lo daba la esposa del divino káiser, la emperatriz Augusta Victoria. Su máxima para la mujer era KKKK; káiser, *kinder* (niños), *kirche* (iglesia), *küche* (cocina), mejorando en una «K» la trilogía KKK, «*kinder*, *kirche*, *küche*», del pueblo. En tal entorno, las mujeres tenían su lugar preasignado, un escalón superior al de los animales domésticos, pero inferior al de los varones. En particular, una mujer no debía estudiar y, por tanto, no podía estudiar; se prohibía el estudio y punto. En realidad, no es que se prohibiera, lo que hubiera quedado muy tosco en la patria de un Goethe o un Beethoven; se permitía, con todo tipo de obstáculos, estudiar, pero no se permitía ejercer. El resultado era el mismo, pero la metodología, más sutil. Hubo incluso catedráticos que, arrastrados por su ímpetu ideológico (ya que no biológico), se negaban a iniciar una clase si había alguna dama presente. Una situación que contrastaba, por ejemplo, con la libertad francesa y el liberalismo, en mayor o menor grado, de otros países europeos.

Emmy nació en la pequeña ciudad de Erlangen, en el seno de una familia de clase media-alta, en un clan profesoral e ilustrado. No era una ciudad cualquiera desde el punto de vista matemático, pues aparte de ser la patria chica de Christian von Staudt (1798-1867), el creador de la llamada geometría sintética, el joven genio Felix Klein (1849-1925) había dado a conocer allí su ya famoso programa de Erlangen, la clasificación de la geometría según la teoría de grupos.

El padre de Emmy, Max Noether, era profesor de matemáticas de la Universidad de Erlangen. Sus habilidades intelectuales las heredaron su hijo Fritz, que luego dedicaría su vida al cultivo de las matemáticas aplicadas, y su hija Emmy, en este caso, de un modo muy semejante al del patito feo del cuento de Andersen, pues nada permitía suponer, analizado el desarrollo de Emmy, que ésta alcanzaría semejante talla mental. Las características que llaman algo la atención en la niñez y juventud de Emmy son escasas: le gustaba sobremanera el baile, lo que, sabido de antemano, determinaba que en todas las fiestas se le concediera la posibilidad de bailar. No mostraba especial interés por la música, lo que la convierte en un *rara avis* matemático, pues casi todos los matemáticos han manifestado amar e incluso cultivar la música. Y era de confesión religiosa judía —israelita, como se decía entonces—, circunstancia sin gran importancia en su época, pero de gran repercusión en su existencia futura.

Salvo alguna ráfaga espontánea de genio, la educación de Emmy se ajustó a lo convencional en una señorita de su tiempo: aprendió a cocinar y las virtudes domésticas para llevar una casa. Cuando estudió lo hizo con aprovechamiento, y todo parecía indicar, pues sus calificaciones así lo sugerían, que se especializaría en la enseñanza del francés y del inglés e impartiría clases de idiomas. La sorpresa surgió cuando Emmy comunicó su decisión de elegir las matemáticas.

Fachada del Kollegienhaus, uno de los edificios más antiguos de la Universidad de Erlangen.

Una carrera imparable

Emmy estaba a priori bien dotada para dedicarse a su extravagante elección de carrera: tenía los conocimientos —aunque a pocos les importaba—, la posición familiar le permitía vivir de algún ingreso —muy modesto— y conocía de primera mano a los colegas de su padre. En la universidad contaba con que no iban a hacerle la vida imposible.

Para seguir sus estudios tuvo que refugiarse en la figura del alumno oyente, pues la asistencia a clases como alumno oficial le estaba vetada. Terminó su periodo de formación con nota y superó sin mayores problemas académicos el examen que le permitía doctorarse; para conseguirlo eligió como tema los invariantes algebraicos de las formas cuadráticas ternarias. El profesor de la asignatura era Paul Gordan (1837-1912), al que sus contemporáneos llamaban «rey de los invariantes»; era un amigo de su padre de toda la vida y su matemática era por completo constructiva. Cuando buscaba un invariante algebraico era un bulldog. Mordía el invariante y no cejaba hasta que lo desenterraba, en medio de una maraña de cálculos, a veces aburridos e inacabables. Podríamos explicar aquí lo que es un invariante algebraico y lo que es una forma, dado que no es demasiado complicado. Lo que ocurre es que hoy día es irrelevante y no se trata de ninguna cuestión central para el álgebra moderna, así que lo dejaremos de lado.

Emmy se doctoró en ello, y en su tesis *Über die Bildung des Formensystems der ternären biquadratischen Form* se recogen los 331 invariantes de las formas cuadráticas ternarias que encontró y que le sirvieron para obtener el título de doctor y para practicar la gimnasia calculística a gran escala. Fue un ímprobo trabajo, calificado luego por la autora de «basura» en un alarde de autocrítica. Su doctorado fue el segundo título conseguido por una mujer en Alemania, después del de Sofia Kovalevskaya.

No por eso encontró trabajo como docente y mucho menos remunerado. Durante ocho largos años Emmy permaneció en Erlangen impartiendo clases sin cobrar; a veces se permitía el lujo de sustituir en el estrado profesoral a su propio padre, pues la salud de éste era ya frágil. Paul Gordan se retiró y fue sustituido por Ernst Fischer, alguien que cultivaba conceptos más modernos y con quien Emmy se entendía muy bien. Fisher es quien introdujo a Emmy en los trabajos matemáticos de Hilbert.

Su penetración, inteligencia y conocimientos por fortuna no pasaron inadvertidos a dos de las luminarias matemáticas de la universidad «más matemática del mundo», la de Gotinga. Estamos hablando de 1915, en plena Primera Guerra Mundial, y de Felix Klein y David Hilbert (1862-

1943). Ambos eran muy liberales en sus puntos de vista concernientes a la participación de las mujeres en el plano pedagógico —y en el de la investigación— y ambos eran extraordinarios profesionales de la materia. Persuadieron a Emmy de que su lugar y su futuro no estaban en Erlangen sino en Gotinga, junto a ellos, ayudándoles en su trabajo. Además, en aquella época las nuevas y revolucionarias ideas físicas de Albert Einstein hacían furor, y Emmy era una experta en invariantes, algebraicos o no (luego volveremos sobre los invariantes), un arma matemática muy necesaria.

Sería hilarante si no fuera tan triste, pero ni aún así pudo Emmy vencer los recelos antifemeninos de una parte del claustro de Gotinga, donde incluso se oyeron cosas como: «¿Qué dirán nuestros heroicos soldados cuando regresen a la patria y en las aulas tengan que permanecer a los pies de una mujer, que les hablará desde el estrado?». Hilbert, que estaba presente, saltó lleno de indignación: «No veo por parte alguna que el sexo de un candidato sea un inconveniente para que exponga sus conocimientos como *privatdozent*. Al fin y al cabo, esto es una universidad, no una casa de baños».

Pero Emmy no fue nombrada nunca *privatdozent*. El claustro no quiso e hizo de su caso un *casus belli*. Al poco terminó el conflicto, se instauró la república de Weimar y la situación de la mujer mejoró: se les otorgó el voto, Emmy pudo actuar —sin salario— como profesora habilitada y no fue hasta 1922 cuando consiguió por fin cobrar por su trabajo, y aun a regañadientes.

Lo que a Emmy sí le fastidió de Gotinga fue que no se le reconociera como era debido su labor como editora de la revista *Mathematische Annalen*, que le daba bastante trabajo.

Lo que nos importa a nosotros es que en 1918 se publicó el sensacional «teorema de Noether». Muchos lo denominan así, como si no hubiera probado muchos más teoremas, algunos de ellos soberbios, pero es que a este teorema se le conoce universalmente así. Noether se hubiera hecho inmortal si hubiera fallecido al día siguiente de publicarlo, en 1918, aunque en realidad lo demostró unos tres años antes. El teorema no pertenece al álgebra abstracta, sino que está a caballo entre la física y las matemáticas, y caso de clasificarlo lo haríamos en análisis, rama mecánica. Por desgracia, expresarlo de un modo comprensible, aunque sea de un modo grosero y aproximado, requiere de un poco de matemática y física superiores.

En simples palabras, sin símbolos ni ecuaciones, el teorema de Noether dice, en su versión más extendida: «Si un sistema físico tiene una propiedad de simetría continua, hay magnitudes correspondientes cuyos valores se conservan en el tiempo».

Lo de «simetría continua» en física superior se explica recurriendo a los grupos de Lie. Sin necesidad de ir tan lejos digamos que por simetría se entiende en física cualquier alteración de un sistema físico que deja invariante las magnitudes del sistema. Esta alteración ha de afectar, por medio de una acción matemáticamente continua, a las coordenadas del sistema, y la medida obtenida durante y al final de la alteración ha de ser siempre la misma.

¿De dónde procede, pues, el término «simetría»? Es un modo de hablar propio del vocabulario físico, aplicado por razones de similitud con el concepto matemático de simetría. Pensemos en las rotaciones espaciales, que conforman un grupo de simetría. Si se aplica una rotación tal a las coordenadas, éstas pasan a ser otras coordenadas, hay un cambio (descrito por ecuaciones continuas) de coordenadas. Lo que enunció Noether es que si hay tal cambio y el sistema permanece invariante por tal simetría continua, en este caso una rotación, existe de modo automático una ley de conservación de algo. En el caso que nos ocupa, si se efectúan los debidos cálculos es el momento angular.

Sin querer entrar en la cuestión con detalle, he aquí algunas simetrías (identificadas por sus grupos de simetría) y algunas cosas que conservan:

Grupo	Entidad física conservada
Traslación temporal	Energía
Traslación espacial	Momento lineal
Rotación espacial	Momento angular
CTP	Producto de paridades
U(1)	Carga eléctrica
U(2)	Fuerza electrodébil
SU(2)	Isospín
SU(3)	Color del quark
U(1)×SU(2)×SU(3)	Modelo estándar de la física cuántica

EL «TEOREMA» DE NOETHER

Un sistema físico se define en términos mecánicos algo avanzados por su acción, algo así como el producto de la energía desplegada por el tiempo empleado consumiéndola. El funcionamiento de un sistema físico se define en términos matemáticos por su lagrangiano L, que es un funcional (una función de funciones), plasmado por una expresión como

$$L(q,\dot{q},t),$$

donde q es la posición, $\dot{q}$ la velocidad (el punto superior significa, en la notación de Newton, derivada de q) y t el tiempo. Nótese que las q son coordenadas generales del sistema y ya no es preciso que sean coordenadas cartesianas.

La acción A es, en matemáticas, la integral a lo largo del camino elegido por el sistema:

$$A = \int L(q,\dot{q},t)dt.$$

El principio de mínima acción, tan caro a los físicos de hace un siglo, viene a decir que un sistema físico se mueve por la ley del mínimo esfuerzo o acción y, por tanto, en el lenguaje del análisis, A debe ser extremal, máximo o mínimo y, por consiguiente, su primera derivada debe ser cero.

Un buen ejemplo vale por muchas palabras, de manera que recurriremos a uno de ellos, que se explica muy bien en muchos lugares y páginas web de Internet. El teorema de Noether se expresa allí del siguiente modo:

> «Supongamos que un sistema de partículas exhibe alguna simetría, es decir, su lagrangiano L es invariante bajo cambios de alguna variable s, de modo que $\frac{\partial L}{\partial s}=0$. Entonces hay alguna propiedad asociada C del sistema que se conserva: $\frac{dC}{dt}=0$».

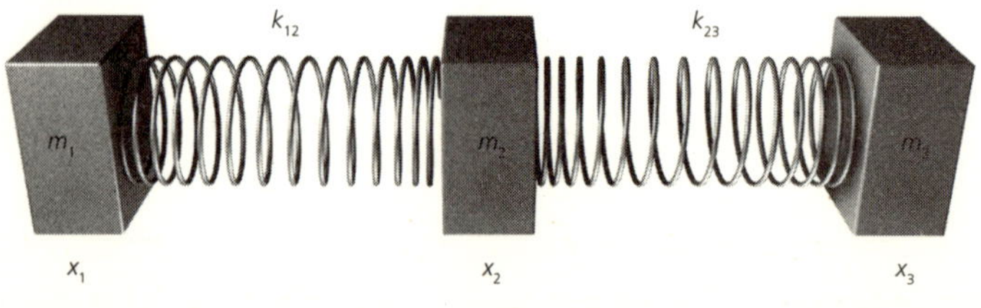

Tomaremos el sistema físico constituido por dos muelles de coeficientes de elasticidad k_{12} y k_{23}. Pongámosle nombres a las cosas:

$$L(x_1,x_2,x_3,\dot{x}_1,\dot{x}_2,\dot{x}_3)=T-V.$$

$$\textit{Energía cinética}=T=\frac{1}{2}(m_1\dot{x}_1^2+m_2\dot{x}_2^2+m_3\dot{x}_3^2).$$

$$\textit{Energía potencial}=V=\frac{1}{2}(k_{12}(x_2-x_1)^2+k_{23}(x_3-x_2)^2).$$

Aquí las coordenadas generales q coinciden con las coordenadas cartesianas x_i. El análisis matemático nos dice (ecuación de Euler-Lagrange) que:

$$\frac{\partial L}{\partial q}=\frac{d}{dt}\left(\frac{\partial L}{\partial \dot{q}}\right).$$

Vamos ahora a por la simetría, o sea, la s del enunciado. Como la ley de elasticidad parece eterna, no es nada extravagante suponer que $s = t$, el tiempo, y que la simetría del lagrangiano a que se refiere el enunciado nos aparece aquí:

$$\frac{\partial L}{\partial t}=0.$$

Vamos con algo de manipulación algebraica:

$$\frac{dL}{dt}=\sum_i\left(\frac{\partial L}{\partial q_i}\frac{dq_i}{dt}+\frac{\partial L}{\partial \dot{q}_i}\frac{d\dot{q}_i}{dt}\right)=\sum_i\left(\dot{q}_i\frac{d}{dt}\frac{\partial L}{\partial \dot{q}_i}+\frac{\partial L}{\partial \dot{q}_i}\frac{d\dot{q}_i}{dt}\right)$$

y reordenando:

$$\frac{d}{dt}\left(L-\sum_i\dot{q}_i\frac{\partial L}{\partial \dot{q}_i}\right)=0,$$

y ya tenemos la magnitud conservada C. Es lo que hay dentro del paréntesis. Como $\dot{q}_i=\dot{x}_i$, verificando los cálculos,

$$C=L-\sum_i\dot{q}_i\frac{\partial L}{\partial \dot{q}_i}=L-2T=T-V-2T=-V-T=-(V+T)=\text{constante}.$$

La suma (con signo menos) de las energías cinética y potencial, o sea, la energía total del sistema, es constante. Ya nos hemos topado con la ley de conservación de la energía.

Este teorema fue debidamente elogiado, incluso por Einstein, que escribió a Hilbert lo siguiente:

> «Ayer recibí de la señorita Noether un artículo muy interesante sobre los invariantes. Me ha impresionado que este tipo de cosas puedan ser comprendidas de un modo tan general. ¡La vieja guardia de Gotinga debería tomar algunas lecciones de la señorita Noether! Parece que sabe lo que hace».

No era un elogio vano, pues el resultado de Noether representaba un apoyo nada trivial al problema de conservación gravitacional suscitado por la teoría general de la relatividad. El teorema es considerado por muchos como una aportación fundamental, según algunos al nivel del archifamoso teorema de Pitágoras. Nada menos.

Situémonos en el simple e inteligible universo experimental de Karl Popper (1902-1994) y supongamos que nos inventamos una teoría sobre un hecho físico.Como se verifica en el teorema de Noether, si el marco teórico presenta una simetría continua —y es de esperar que acontezca alguna—, es que alguna magnitud se conserva, y esta magnitud es susceptible de ser medida. Así que podemos jugar a ver si la teoría es falsa o no.

Álgebra y más álgebra. ¡y qué álgebra!

Hemos dejado a Emmy instalada en Gotinga, al lado de Klein y Hilbert, dos eminencias mundiales. A pesar de los obstáculos puestos ante ella por la parte más conservadora y obtusa de la universidad, el ocurrente Hilbert pronto encontró el modo de burlar el cerco: convocó cursos poniendo detrás su nombre, y cuando los tuvo constituidos hizo que los impartiera Emmy ante el impotente rechinar de dientes de los opositores.

Parece como si a Emmy Noether le hubieran desfrenado el coche con el que circulaba por la autopista de las matemáticas, pues su productividad se tornó pasmosa. A partir de 1920 su carrera emprendió nuevas rutas. Poco a poco, pero con firmeza, su producción intelectual fue centrándose en cuestiones puramente algebraicas, primero en el tema de los anillos e ideales de esos anillos, y luego en las estructuras más y más complejas, como las álgebras. Su primera época, la de los anillos, bien pudo hacerle merecedora del título actual de «señora de los anillos», tanto fue su dominio del tema. A esta primera época pueden adscribirse resultados tan relevantes para el desarrollo del álgebra como el teorema de Lasker-Noether (1921) y el lema de normalización (1926). En 1927 pueden situarse sus teoremas sobre los isomorfismos.

Casi sin solución de continuidad, Emmy penetró en territorios algo más intrincados, como las álgebras. En 1931 dio su nombre al teorema de Albert-Brauer-Hasse-Noether acerca de álgebras finito-dimensionales. En 1933 redescubrió un importante resultado sobre álgebras, el llamado teorema de Skolem-Noether. Obsérvese que en ningún caso damos detalles de cada enunciado, pues los términos empleados y los objetos matemáticos con los que se juega son muy abstractos y propios de un especialista.

Una imagen de los «muchachos de la Noether».

Un auténtico rebaño de alumnos, ruidoso, poco disciplinado pero bastante genial, seguía a Emmy a todas partes. Son «los muchachos (y muchachas) de la Noether», que beben sus palabras y las comentan; además de ello, la acompañaban en sus largos paseos y frecuentes baños en la piscina municipal, donde Emmy nadaba y buceaba como un ballenato. Muchos de ellos serían a su vez grandes matemáticos, gracias a las ideas que fueron aprendiendo y a pesar de que la dotes pedagógicas de Emmy eran, por así decirlo, poco convencionales: se comportaba entre ellos como una perfecta gallina clueca, maternal y próxima, aunque exigente. A muchos les parecía más gallo que gallina y la llamaban —más bien con respeto y algo de temor, atendiendo a su inteligencia— *Der Noether*, es decir, «el» Noether, así, en masculino.

Una anécdota de la época nazi retrata cuán curiosa era la corte de los «muchachos de la Noether». La que fue esposa de Emil Artin (1898-1962), Natascha Artin-Brunswick, explica cómo se desplazaron una vez en el metro de Hamburgo: a Emmy la recogieron sus seguidores, que Natascha compara a los niños que seguían al flautista de Hamelín. Sólo iniciar el viaje, Emmy se puso a discutir temas matemáticos con Emil Artin, cada vez en voz más alta, sin preocuparse de los demás pasajeros. Las palabras «*führer*» e «ideal» sonaban continuamente, con gran horror de Natascha, que pensaba que serían detenidos en cualquier momento por la Gestapo. Cualquiera le explicaba a la temible policía que lo que voceaba Emmy eran inocentes términos algebraicos de la teoría de anillos.

En aquella época, con los nazis acechando, asediando las cátedras y la vida pública, hubo algún alumno que acudió a la clase de Emmy en su domicilio, ya que no podía ser en la universidad por su condición de judía, en uniforme nazi de las SA. Emmy era pacifista y lo veía todo con resignación.

El campo de actividades propio de Emmy es el del álgebra, y más en concreto de la más rabiosamente moderna, con alguna excursión topológica, como la que se permitió con su colega Pavel Alexandrov (1896-1982). Su especialidad era estudiar y profundizar en las estructuras algebraicas, desnudándolas de sus particularidades y contemplándolas desde la máxima generalidad posible. Su prestigio no conocía fronteras, y acudían a formar parte de sus enseñanzas alumnos de todas partes de Europa. Uno de ellos, Bartel van der Waerden (1903-1996), el luego famoso autor de *Álgebra moderna*, el libro destinado a convertirse en canon de varias generaciones (y en cuyas páginas, infestadas de incomprensible escritura gótica, estudié yo) escribió en su obituario de Emmy:

> «Para Emmy Noether las relaciones entre números, funciones y operaciones se hacían transparentes, sensibles a la generalización y productivas sólo tras haber sido disociadas de cualquier objeto en particular y haber sido reducidas a relaciones generales conceptuales».

O, si prefieren de nuevo las palabras de Einstein:

> «Las matemáticas puras son, a su manera, la poesía de las ideas lógicas. Uno busca las ideas más generales de operación que llevarán consigo en forma simple, lógica y unificada el más amplio círculo posible de relaciones formales. En este esfuerzo hacia la belleza lógica se descubren fórmulas espirituales para una mayor penetración en las leyes de la naturaleza».

Estructuras algebraicas básicas

Tomen buena nota de lo que sigue porque puede ser lo único que entiendan de este artículo, que contiene el abecé del álgebra abstracta. En cualquier caso, es de lo más prolijo, pero elemental, pues consiste sólo en definiciones.

Las estructuras más elementales del álgebra, consideradas como conjuntos dotados de una o más operaciones, son muchas, pero nos limitaremos a estructuras con dos operaciones, $\circ$ y $\bullet$, que en muchos casos resultan ser $+$ y $\cdot$. A veces se necesita lo que se llama una tercera «ley de composición externa» —y a veces más—, pero ya les avisaremos procurando crear el menor lío posible. Usaremos el símbolo $\in$ para no estar diciendo a cada paso «es elemento de».

Un *grupo* es un conjunto de elementos A, con una operación $\circ$ que se ajusta a tres leyes:

1) Existe un elemento neutro, n, tal que $n \circ a = a \circ n = a$, para todo $a \in A$.
2) Existe, para cada $a \in A$, un elemento inverso a^{-1} tal que $a \circ a^{-1} = a^{-1} \circ a = n$.

3) Se verifica la ley asociativa para cualesquiera a, b, $c \in A$, lo que significa que $(a \circ b) \circ c = a \circ (b \circ c)$.

Un grupo es conmutativo o abeliano (se le denomina así en recuerdo del matemático noruego Niels Abel), cuando para todo a, $b \in A$, se verifica la ley conmutativa, $a \circ b = b \circ a$.

Si la operación es +, al elemento inverso de a se le designa por $-a$ y se le llama opuesto. Al neutro se le denomina 0.

Si la operación es ·, al elemento inverso de a se le designa por $1/a$. Al neutro se le denomina 1.

Un *anillo* es un grupo conmutativo que posee otra operación, •, con la que es asociativa:

4) Para cualesquiera a, b, $c \in A$, $(a \bullet b) \bullet c = a \bullet (b \bullet c)$.

Las dos operaciones ∘ y • se relacionan una con la otra con la distributividad de ∘ respecto de •:

5) $a \bullet (b \circ c) = (a \bullet b) \circ (a \bullet c)$.

Ejemplos claros de anillos son los números, en cualquiera de sus modalidades, $\mathbb{N}$ (naturales), $\mathbb{Z}$ (enteros), $\mathbb{Q}$ (racionales), $\mathbb{R}$ (reales) o $\mathbb{C}$ (complejos); también forman anillos los polinomios. En el mundo de los anillos, como ∘ es conmutativa como +, se la designa simplemente por +, y a la operación •, cuando es conmutativa, cosa que supondremos para simplificar, se la designa corrientemente por ·, como si fuera un producto.

Un subgrupo o subanillo de A es todo subconjunto que sigue siendo grupo o anillo cuando se restringen a ese subconjunto las operaciones ∘ o •. Un ideal es un subanillo especial: es aquel subanillo $B \subset A$ tal que cualquier producto de un $b \in B$ con otro elemento cualquiera, sea o no de B, permanece en B. Los ideales pueden sumarse y multiplicarse, dando origen a otros ideales. En cierto modo, la noción de ideal surgió como una generalización del concepto de número. Dados dos ideales, I y J:

$$I + J = \{x + y \,/\, x \in I,\ y \in J\}.$$

El ideal IJ es algo más complicado de definir; es el ideal engendrado por todos los productos xy donde $x \in I$, $y \in J$; la intersección de todos los ideales que contienen esos productos es el llamado ideal engendrado.

Un *dominio de integridad* es un anillo A en que para $\cdot$ no hay lo que se llama divisores de cero. Es decir, que no pueden haber elementos a y b tales que $a \cdot b = b \cdot a = 0$. Cuando eso sucede, es que A es conmutativo e unitario, es decir, que hay un elemento neutro para la operación $\cdot$ que hace de 1:

$$a \cdot 1 = a.$$

Consideremos ahora el dominio de integridad A sin el 0, que llamaremos $A^* = A \setminus \{0\}$. Si en A^* la operación $\cdot$ determina un grupo conmutativo, decimos que A es un cuerpo. Si A^* no es conmutativo los algebristas lo dicen explícitamente y hablan de cuerpo no conmutativo (o cuerpo torcido, *skew field*). Pero no hay que asustarse ante tanto retorcimiento: si A es finito es que A es conmutativo según un célebre teorema de Wedderburn. Cuando A es infinito es cuando empieza la diversión para los algebristas «pervertidos».

Vamos con los A-módulos, la especie zoológica más rara del mundo algebraico moderno. Un A-módulo por la izquierda requiere un anillo unitario A y un grupo conmutativo M. Los elementos a, $b \in A$ operan en los de M ($m, n \in M$) de la siguiente forma, muy natural:

1. $(ab)m = a(bm)$
2. $(a+b)m = am + bm$
3. $a(m+n) = am + an$
4. $1m = m$.

Se define de modo análogo el A-módulo por la derecha; el módulo conmutativo (o simplemente A-módulo) es el que lo es por la derecha y por la izquierda. Si A es un cuerpo, entonces el A-módulo se denomina «espacio vectorial».

Cuando a los vectores de un espacio vectorial se les dota de una multiplicación, entonces se obtiene un «álgebra». Y aquí nos detendremos porque por elemental que sea todo esto, posiblemente nadie se acuerda de lo que decíamos al principio.

Un inciso algebraico, ideal y noetheriano

Una gran parte de la actividad científica de Emmy Noether residía en su dedicación a los anillos e ideales, estructuras algebraicas a cuyo estudio dedicó años enteros. No estará de más el intentar explicar el porqué, aunque sea por encima.

Entre los objetos numéricos que rodean el quehacer matemático, son numerosos aquellos que se ajustan a la estructura de anillo: el conjunto $\mathbb{Z}$ de los números enteros y sus ampliaciones sucesivas $\mathbb{Q}$, $\mathbb{R}$ y $\mathbb{C}$ forman todas anillos. También son anillos los polinomios de una variable a coeficientes sobre los anillos anteriores $\mathbb{Z}[X]$, $\mathbb{Q}[X]$, $\mathbb{R}[X]$ y $\mathbb{C}[X]$. Asimismo, los polinomios de varias variables $\mathbb{Z}[X_1, X_2, \ldots, X_n]$, $\mathbb{Q}[X_1, X_2,\ldots, X_n]$, $\mathbb{R}[X_1, X_2,\ldots, X_n]$ y $\mathbb{C}[X_1, X_2,\ldots, X_n]$. Y las series convergentes. Y, para decirlo en pocas palabras, una infinidad de cosas más.

Ahora bien ¿qué es eso de los «ideales» y por qué ostentan tan romántico nombre? Vamos con un poco de matemática histórica. Pongámonos en el caso de los enteros cuadráticos $\mathbb{Z}[\sqrt{-5}]$ o $\mathbb{Z}[i\sqrt{5}]$, que es lo mismo. Es el conjunto de números de la forma $a+b\sqrt{-5}$, donde a y b son enteros, o, dicho de otro modo,

$$\mathbb{Z}[\sqrt{-5}]=\{a+b\sqrt{-5}\,/\,a,\, b\in\mathbb{Z}\}.$$

$\mathbb{Z}[\sqrt{-5}]$ es un anillo (puede comprobarlo), pero allí nos encontramos, matemáticamente, en «territorio comanche». Estamos muy bien acostumbrados a la divisibilidad de toda la vida y a que sólo exista una factorización en números primos. Si pensamos en el número 21, tenemos que $21=3\cdot 7$ y se acabó. 21 se factoriza en producto único de los números primos 3 y 7. Precisamente este hecho se deduce del teorema fundamental de la aritmética: sólo hay una factorización en números primos en $\mathbb{Z}$. Pues bien, en $\mathbb{Z}[\sqrt{-5}]$ los pronósticos fallan: allí 21 puede factorizarse de dos modos, ambos irreducibles

$$3 \cdot 7 = (4 + \sqrt{-5})(4 - \sqrt{-5}) = 21,$$

y no existe la factorización única, circunstancia de la que ya se apercibió Ernst Kummer (1810-1893), con gran disgusto por su parte. Entre otras cosas, este hecho tan poco relevante, expresable en sólo una línea, impidió a los algebristas del siglo XIX probar el teorema de Fermat y les fastidió muy mucho.

Para intentar ponerle remedio, el propio Kummer introdujo unos «números ideales» que orillaban algo el problema. No demasiado, porque tales números no eran ni siquiera de $\mathbb{Z}[\sqrt{-5}]$, sino de un anillo mayor. De hecho, ni siquiera eran números, sino, como diríamos hoy, conjuntos de números equivalentes entre sí. La matemática de entonces no conocía conceptos, hoy muy corrientes, como el conjunto cociente y el homomorfismo, y hubo de esperar a la intervención de Richard Dedekind (1831-1916) para introducir algo de orden y lógica en el mundo de los ideales. Luego vinieron otros algebristas, limpiaron el terreno y procedieron a excavarlo; entre ellos, y en lugar muy destacado, se encontraba Emmy Noether. En la bibliografía se indica una buena fuente, por si alguien desea empaparse a fondo en la historia (real) de los ideales.

Hay otro aspecto de los ideales que es preciso remarcar y al que Noether le prestó con acierto una atención especial, y es el de la cadena de ideales. No imitaremos a Emmy Noether, y en lugar de explicar el concepto abstracto nos limitaremos a dar un ejemplo muy simple, el de los ideales del anillo $\mathbb{Z}$ de los enteros.

En tan sencillo mundo (que es un dominio de integridad, un anillo «bueno») reina el teorema fundamental de la aritmética, existe la factorización única en números primos y reina la concordia y la armonía. En tal paraíso los ideales son los conjuntos $n\mathbb{Z}$, constituidos por los múltiplos enteros de n, y hay infinitos ideales, tantos como números. La suma y el producto de ideales es una delicia, pues

$$a\mathbb{Z} + b\mathbb{Z} = (a+b)\mathbb{Z}$$
$$a\mathbb{Z} \cdot b\mathbb{Z} = ab\mathbb{Z}.$$

Los «ideales» (que son conjuntos de números) y los terrenales números se comportan igual, factorizan igual y son, desde todos los puntos de vista aritméticos, equivalentes. Incluso en algo muy sutil, que es la divisibilidad. En efecto, «b es divisible por a» puede traducirse, en términos de ideales, como $b\mathbb{Z} \subset a\mathbb{Z}$. Y aquí reside la genialidad de la construcción de Noether. Sus ideales están encadenados por medio de $\subset$ en la medida que reflejan la divisibilidad.

Y como toda relación de divisibilidad termina en algún número en un momento u otro, también toda cadena de ideales se termina alguna vez.

EL TEOREMA DE EMMY Y EL AJEDRECISTA

El algebrista Emanuel Lasker (1868-1941) era un eminente matemático a la vez que campeón del mundo de ajedrez. Como algebrista trabajó mucho con el concepto de ideal, los ideales primos y los ideales primarios. Como aquí no se trata de dar clases de álgebra abstracta, limitémonos de modo voluntario a los anillos A, que son también dominios de integridad. En ellos, un *ideal primario* es aquel ideal I, distinto del anillo inicial A, en el que si $ab \in I$, y $a \notin I$, existe un n para el cual $b^n \in I$. (Cuando $n=1$, hablamos de ideal primo.) Lasker caracterizó una clase muy amplia de anillos (se llaman hoy anillos de Lasker) por una hermosa propiedad de sus ideales. Cada ideal se puede descomponer en una intersección finita de ideales primarios.

Lo que probó Emmy se conoce hoy como teorema de Noether-Lasker, y es el enunciado siguiente:

«Todo dominio de integridad noetheriano es un anillo de Lasker».

Es un resultado muy propio del álgebra abstracta que relaciona conceptos aparentemente muy lejanos, las cadenas finitas de ideales con la intersección de los primarios.

A lo mejor no se han apercibido ustedes —y, la verdad, no es necesario que se disculpen—, pero si se aplica el teorema de Noether-Lasker al anillo $\mathbb{Z}$, se obtiene el teorema fundamental de la aritmética: todo entero factoriza de modo único en producto de potencias de números primos. La denominación (hoy universal) de anillo noetheriano se debe al gran matemático francés Claude Chevalley (1909-1984), uno de los miembros fundadores del grupo Bourbaki.

Las cadenas de ideales «buenos» han de terminarse forzosamente, lo que significa que son finitas, o, dicho de otro modo, que no existen las cadenas infinitas. Los anillos que no tienen cadenas infinitas de ideales se denominan anillos noetherianos, y son los que eligió Emmy como objeto privilegiado de estudio.

Los algebristas posteriores han demostrado la equivalencia de las proposiciones:

1. A es noetheriano (o sea, sus cadenas ascendentes son finitas).
2. Todo ideal de A es finitamente generado.
3. Todo conjunto de ideales de A tiene un ideal maximal.

En 1999 el Australian Mathematics Trust publicitó una camiseta con el dibujo de todas las cadenas ascendentes del ideal $18\mathbb{Z}$ en $\mathbb{Z}$. Podían haber puesto otro ejemplo, pero el espacio de una camiseta es limitado. Lucía las cadenas ascendentes siguientes:

$$
\begin{aligned}
&18\mathbb{Z} \subset 9\mathbb{Z} \subset 3\mathbb{Z} \subset \mathbb{Z} \\
&18\mathbb{Z} \subset 6\mathbb{Z} \subset 3\mathbb{Z} \subset \mathbb{Z} \\
&18\mathbb{Z} \subset 6\mathbb{Z} \subset 2\mathbb{Z} \subset \mathbb{Z} \\
&18\mathbb{Z} \subset 9\mathbb{Z} \subset \mathbb{Z} \\
&18\mathbb{Z} \subset 6\mathbb{Z} \subset \mathbb{Z} \\
&18\mathbb{Z} \subset 3\mathbb{Z} \subset \mathbb{Z} \\
&18\mathbb{Z} \subset 2\mathbb{Z} \subset \mathbb{Z} \\
&18\mathbb{Z} \subset \mathbb{Z}.
\end{aligned}
$$

que, como era de esperar, son finitas y $\mathbb{Z}$ es noetheriano. De hecho, Hilbert demostró que si A es noetheriano, el anillo de polinomios $A[X]$ también lo es.

El final de la historia

No es preciso decir que, ya en la década de 1930, Emmy se había labrado un extraordinario prestigio personal en el mundillo matemático. Su intervención en el Congreso Internacional de 1932 es un ejemplo de ello.

Al año siguiente, los nazis alcanzaron el poder omnímodo y procedieron, con férrea decisión sólo comparable a su estulticia, a expulsar a todos los profesores judíos de sus cátedras. Emmy, señalada por el ángel flamígero de la cólera antisemita, no fue una excepción. En vano sus amigos y conocidos protestaron por ello. Ella y muchos de sus colegas (Thomas Mann, Albert Einstein, Stefan Zweig, Sigmund Freud, Max Born, etc.) debían dejar de impartir sus enseñanzas de modo público en Alemania y, si tenían suerte (como luego se vio), irse del país y contaminar a alguna nación no aria con sus perversas ideas. Qué podía tener de perverso el estudio del álgebra moderna no lo sabremos nunca. Los nazis creo que tampoco.

Su hermano Fritz emigró a una plaza en Tomsk (Siberia), y Emmy, tras algún escarceo con Moscú y Oxford —Emmy sentía cierta simpatía por la Revolución rusa— terminó, gracias a los buenos oficios de la fundación Rockefeller, en Estados Unidos.

Sobre el antisemitismo se han escrito muchos libros, en los que se analiza su difusión. No les extrañará saber que en los años precedentes a la entrada de Estados Unidos en el conflicto mundial, algunas universidades, como Princeton (Nueva Jersey), supuestas depositarias del pensamiento puro y la tolerancia más liberal, se fueron volviendo progresiva y vergonzosamente antisemitas. Ésta fue una de las razones que impulsó a la filántropa, judía y millonaria familia de los Bamberger a dotar con millones de dólares al Institute for Advanced Study, precisamente en Princeton, una institución aconfesional y por completo neutral que resultó ser tan modélica como el paraíso perdido de Milton. En ella, los sabios contratados devanaban sus ideas, cobraban simplemente por pensar y no tenían obligaciones académicas. El Institute sirvió de refugio a numerosos emigrados judíos o semijudíos de Europa, y entre ellos se cuentan, por ejemplo, Einstein, Weyl, Von Neumann o Gödel. Emmy Noether, aunque dio allí seminarios y conferencias, no fue nombrada, en razón de su sexo, miembro del Institute, aunque tenía méritos suficientes para serlo. Su lugar no estaba en Nueva Jersey sino a poca distancia, en el *college* de Bryn Mawr, en Pennsylvania, que era el mejor *college* femenino del mundo. En ocasiones a Emmy se le olvidaba que estaba en América y, en plena discusión matemática, rompía a hablar torrencialmente en alemán.

A sólo dos años de estancia en el exilio, a Emmy le diagnosticaron un tumor uterino y le recomendaron que se operara. Superó sin problemas la cirugía, pero falleció a consecuencia de una súbita embolia.

Es una curiosidad, pero en medio del alud de obituarios laudatorios que suscitó su muerte, uno, firmado por Van der Waerden, se publicó en Alemania, al parecer sin problemas. Pasó sin contratiempos porque los censores nazis no debían de entender gran cosa de álgebra.

Y una cosa más: hay un cráter en la cara oculta de la Luna y un asteroide (el 7001) que se llaman Noether.

Horizontontes cercanos

Es más fácil pedir perdón que pedir permiso.
Atribuida a Grace Hopper, matemática y militar

Toda esta atención ha sido gratificante pero embarazosa.
Yo prefiero ser recordada como una matemática, simplemente
por los teoremas que he probado y los problemas que he resuelto.
Julia Robinson

GRACE MURRAY HOPPER (1906-1992)

¿A qué Hopper nos referimos? ¿Al contraalmirante Hopper —nombrado en 1983, a los 77 años— o al destructor USS Hopper? Al contraalmirante, claro; el buque simplemente fue bautizado Hopper en su honor. Y ahora que nos fijamos, el contraalmirante es una mujer... Si, además, les informamos de que era matemática, una gran experta en computadoras y que, entre otras cosas, inventó el lenguaje de computación COBOL, a la contraalmirante nos la miraremos ya bajo otro prisma y con todo nuestro respeto. Pues bien, Grace Hopper («Amazing Grace», como el título del espiritual con que la llamaban) protagonizó todas esas cosas y otras muchas. Vale la pena conocerla.

Cañones y computadoras

Su nombre de nacimiento era Grace Brewster Murray, bisnieta del almirante George Murray, su ídolo de toda la vida. Los padres de Grace debieron de influenciar de algún modo en su carácter, fuerte e independiente. La madre, Mary Campbell van Horne, era una estudiante frustrada por la presión social de su juventud. Hubiera profundizado con gusto en las matemáticas, aunque estaba mal visto y no era algo adecuado para una señorita. El padre, Walter Fletcher Murray, era corredor de seguros, pero una enfermedad circulatoria acaecida en plena niñez de sus hijos le condujo a la amputación sucesiva de ambas piernas. Con todo, la familia siguió adelante —el padre llegó a septuagenario— y Grace pudo estudiar. Walter siempre inculcó a sus hijos la creencia de que conseguir algo dependía fundamentalmente del esfuerzo de sus mentes. Además, en cuanto a educación no establecía diferencias entre chicos y chicas.

Grace nació cuando la tecnología estaba en mantillas, a caballo entre el avión de los hermanos Wright y el Ford T de Henry Ford. Cuando era todavía una cría de siete años su curiosidad le llevó a desmontar un reloj de su casa, para descubrir sus secretos. Como al parecer no fue así, siguió con su encarnizada investigación hasta que al séptimo reloj su madre se dio cuenta y terminó con la hecatombe relojil. Quizá por esta razón tenía Grace en su despacho un reloj que marcaba el tiempo al revés, con las agujas recorriendo las horas en sentido antihorario; era su modo de ponderar ante el visitante la innovación y la diferencia, una de sus convicciones más profundas. Una de sus frases más conocidas es, precisamente: «Un navío en el puerto está seguro, pero no ha sido creado para eso. Sal a mar abierto y haz cosas nuevas».

La educación secundaria no la pudo iniciar a la primera tentativa en el prestigioso Vassar College, pues se le atragantó el latín —hoy ya no le sucedería—. Pasó a la segunda tentativa, y estudió con la máxima calificación matemáticas y física. Luego se doctoró en matemáticas en Yale, toda una *performance*, ya que era la primera mujer en la historia que lo conseguía, y bajo la supervisión de un matemático famoso como el algebrista Øystein Ore. El Vassar College la recuperó y la contrató como enseñante y, con el tiempo, como profesora asociada. En 1941 ya se significó ganando una beca para estudiar en Nueva York, en el Courant Institute of Mathematical Sciences, una institución que se acostumbra a citar con reverencia y en voz baja.

Grace se había casado ya con Vincent Hopper, un profesor de idiomas de la Universidad de Nueva York, y estuvo casada con él hasta el fin de la Segunda Guerra Mundial. Cuando se divorció, en 1945, conservó el apellido de casada. Su ex marido falleció el mismo año en acción de guerra.

Arriba, el destructor USS Hopper; abajo la contraalmirante Grace Hopper, fotografiada en enero de 1984. Se trata de la única matemática de la historia que tiene nada menos que un buque bautizado en su honor.

Al igual que en las novelas se siente la llamada de la selva, Grace sintió en 1943 la llamada de la patria. Estados Unidos entró en guerra tras Pearl Harbour y Grace se enroló en la Marina (la célebre Navy); no fue tarea fácil, puesto que no daba —y por siete kilos— el peso mínimo requerido, y tuvo que negociar una exención. Entró, no obstante, e incluso fue la número uno de su promoción. Salió con el grado de teniente junior. Sus superiores hicieron gala de un notable sentido común y la enviaron a servir bajo las órdenes del matemático Howard Aiken (1900-1973) y su computador Mark I. Su debut se hizo luego legendario: «¿Dónde demonios estabas? ¡Quiero los coeficientes de la función *arc tan x* para el jueves

PONGA UN BICHO EN SU COMPUTADOR

Cierta vez, hace mucho, mucho tiempo, hubo un computador que cometía errores, llevando a algunos a dudar de la fiabilidad del programa (era el Mark II y corría el año 1947). Tras ser minuciosamente analizado, se descubrió que el error se debía a un simple insecto que se había deslizado entre las conexiones. Fue localizado y «archivado» en el libro de incidencias correspondiente, pegándolo en sus páginas. Pobre bicho, pobre *bug* («bicho» en inglés), acabar así... Aunque el bichito no fue hallado por Grace en persona, sí que se le atribuye a ella la invención del término y su difusión; desde entonces, un «*bug*» en un programa es un insecto imaginario, aunque sea —hoy es impensable que sea un bicho real— un error de software o de hardware. La palabra *bug* era ya utilizada para designar problemas en el hardware, pero era la primera vez que el bicho hipotético se hizo realidad y pareció afectar al software, así que «*bug*» pasó a la inmortalidad.

No hay que tomarse a broma los eventuales *bugs* de un programa. Son bastante corrientes, a veces muy difíciles de detectar y pueden llegar a significar pérdidas morales muy lamentables y pérdidas materiales de millones de euros. Para dar una idea del perverso refinamiento que llega a regir la aparición de los *bugs*, apuntemos uno: puede ocurrir que varios programas confluyan en una sola operación —es habitual— y que, aunque aisladamente ningún componente contenga nada nocivo, la superposición en el punto inadecuado de dos de ellos siembre el desastre y se cree un *bug*.

Entre los incidentes causados por *bugs* figuran algunos muy conocidos: en la década de 1980, un *bug* en un programa informático de un ordenador médico alteró la terapia sin falta!», vociferaba Aiken, pero ello no impidió que con el tiempo ambos firmaran juntos muchos artículos, no sólo sobre cuestiones del Mark I, sino sobre sus sucesores, el Mark II y el Mark III. Grace redactó, para orientación de los adictos al cálculo con ese instrumento nuevo, el computador, un manual de 500 páginas.

El Mark I, para muchos el primer gran computador de la historia, medía más de 15 m de largo y 2,5 m de ancho y alto. Este mastodonte, a pesar de su tamaño, poseía una memoria ridícula y realizaba tres sumas por segundo. Cualquier ordenador personal actual podría mirarlo por encima del hombro ¡pero muy por encima! Eran los primeros pasos, aún

de radiación prevista y fallecieron numerosos pacientes. Con resultados menos sensibles a la reacción pública pero con 1.000.000.000 de dólares de pérdidas se saldó el fallo del prototipo del cohete Ariane 5, debido a un *bug* que se deslizó en su programa de guiado. Un comité oficial estadounidense estimó en un 0,6% del producto interior bruto las pérdidas producidas anualmente por los indeseables *bugs*. Guerra, pues, a los *bugs*; son pequeños errores que pueden generar enormes daños.

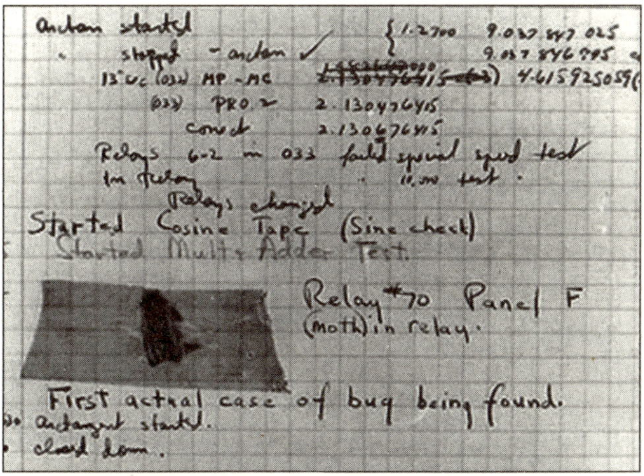

El primer bug *de la historia, tal como se conserva en el Smithsonian National Museum. Contrariamente a los* bugs *actuales, éste era real.*

balbucientes, de lo que hoy llamamos ciencia de la computación o también informática. Entonces todos los cálculos, que parecían milagrosos por su rapidez, se llevaban a cabo por necesidades militares —sobre todo balísticas—, y el empleo de los computadores en el terreno comercial todavía no había llegado.

De todos modos, un computador era un arcano excepto para la casta de los expertos; en una ocasión en que recibieron la visita de varios almirantes y el maldito aparato funcionaba erráticamente, a saltos, Grace salvó la situación manteniendo al desgaire el dedo en el botón de arranque. Nadie se dio cuenta.

Mirando hacia el futuro

Terminada la conflagración, Grace siguió en la Marina, pero en la reserva, no en el servicio activo. Una constante de su vida es que raramente trabajó en un solo lugar. En 1949 pasó a ocuparse también de los asuntos de una compañía privada, que con los años iría cambiando de nombre: Remington, Sperry, Sperry-Rand... Al final del trayecto la compañía terminaría conociéndose como UNIVAC, pero en el momento en que Grace ingresó como matemática senior se la conocía como Eckert-Mauchly Corporation. Hagamos un inciso para informar al lector de que John Presper Eckert (1919-1995) y John William Mauchly (1907-1980) eran los padres del primer computador —también gigantesco— electrónico y multiuso, el legendario ENIAC. Ya no se dedicaban todos los esfuerzos a cuestiones militares propias de la guerra, como la balística o el descifrado de códigos, sino a cuestionas civiles y comerciales. La informática ya se había vuelto una ciencia normal, con un desarrollo galopante e imparable.

A este progreso contribuyó sensiblemente Grace, que trabajó en el desarrollo de un compilador que, transcurrido un tiempo, terminaría siendo el FLOW-MATIC. El año 1952 es la fecha comúnmente aceptada para marcar la creación del primer compilador. Como es natural aquí se impone otro breve parón para explicar qué es un compilador.

En informática se distingue entre lenguaje-máquina, que es, por así decirlo, la lengua que comprende el ordenador, y lenguaje-fuente, que es el que usa o en el que piensa el programador. El primer lenguaje es de nivel más sencillo que el segundo, pues la máquina es más bien idiota, aunque muy rápida, mientras que el programador es mucho más agudo, aunque no tan rápido. Tiene mucho mérito compilar algo, porque quiere decir que el proceso que han ideado tus células grises puedes contárselo a un computador, pues seguro que te entenderá. En 1950, Grace ya previó, y así lo dijo ante la incredulidad general, que el software iba a ser más caro incluso que el hardware, y el paso del tiempo le ha dado la razón. El «saber cómo se hace» va primero, no tiene precio; lo demás le sigue... Un conocido e irreverente dicho político reza: «Tira de él sujetándole por sus partes pudendas: lo demás viene detrás». Es la versión política de una obvia verdad informática.

Una consecuencia inesperada del quehacer de Grace a lo largo de todo este tiempo de compiladores es que tuvo que aprender a calcular en base ocho, pues en informática el byte u octeto es el rey, y los cálculos se efectúan en sistema octal, una ampliación del sistema binario. Grace lo dominó hasta sus últimas consecuencias: muchas veces los cálculos de la vida real, como las compras en las tiendas, los hacía en base ocho. Había olvidado el sistema decimal con grave riesgo para su economía.

Cualquiera se hubiera dado por satisfecho teniendo algo tan preciado como un compilador, un instrumento que ya permitía a los computadores pagar nóminas sencillas y emitir facturas, pero ése no era el espíritu de innovación de Grace Hopper. Los computadores ya no eran simples máquinas capaces de practicar la aritmética muy deprisa, sino que se podía pensar en términos matemáticos y había un modo de ser comprendido por ellos. Grace todavía dio un paso más, y se dice que impulsada por su incapacidad de gestionar de modo apropiado su chequera y su cuenta corriente, pasó a intentar que la máquina entendiera el inglés, la lengua no sólo de Grace sino de los negocios, las empresas y la mayoría de los usuarios. En 1956 ya había conseguido, usando su UNIVAC y su compilador, que el computador entendiera una veintena de comandos en inglés. Así que desarrolló el COBOL, y en 1959 se constituyó el comité destinado a definir con cuidado los estándares del nuevo lenguaje.

En 1966 la edad forzó a Grace a un retiro voluntario como reservista de la Marina. Pero sería equivocado pensar que la historia termina aquí. La Marina realizó incontables intentos de pagar electrónicamente su enorme e intrincada nómina, y al intento número 823 arrojó la toalla y llamó a Grace al servicio activo. Sólo serían seis meses, pero si por favor quería volver y hacerse cargo de aquella pesadilla... Grace regresó, arregló el lío y la Marina ya no la soltó. Permaneció en ella, trabajando y dando conferencias muchos años más. En 1973 se retiró a la reserva y la Marina la nombró capitán; una mujer adquiría por fin el grado de Horatio Hornblower, sólo que con gafas.

En aquella época Grace Hopper dedicó sus esfuerzos a establecer estándares extraoficiales para FORTRAN y COBOL, luego asumidos a la celestial categoría de modelos por la gubernamental National Bureau of Standards. Es decir, que el uso real de las cosas proponía y la administración disponía, proceder que sale muy barato y no estropea lo que ya funciona.

En 1983 la ascendieron a comodoro, denominación que se extinguió de modo oficial en 1985, pasando a ser en la nueva escala contraalmirante. En 1986, cuando se retiró de la Marina de modo definitivo —sólo de la Marina, no del trabajo—, tenía 80 años, era el oficial en activo más veterano y la tenían por una leyenda viviente. El entonces presidente George Bush sr. le concedió la Medalla de los Servicios Distinguidos (ya tenía un montón de medallas, pero ninguna comparable). Falleció en 1992, en Año Nuevo. La enterraron, con honores militares, en el cementerio nacional de Arlington.

Entre los homenajes más extravagantes que se le han rendido figura el bautizar, en 1996, un destructor con su nombre. Un homenaje de menos envergadura, y seguro que de menor tamaño, pero igualmente extraño, fue el de Hombre del año. En 1969 fue la primera persona en ser nombrada Hombre del año (sic) por la Data Processing Management Association. En 1991, poco antes de fallecer, se le concedió el máximo galardón nacional de su especialidad, la Medalla nacional de tecnología.

Su pasión por la innovación era legendaria: una de sus manías, exitosa y visionaria, consistía en que cada buque llevara incorporado un computador, un minicomputador para los pequeños. Su lenguaje era sugerente y directo. Se la conocía en muchos ámbitos por explicar a todas las audiencias, llenas de expertos o no, lo que significaba un nanosegundo, pues siempre le preguntaban por qué las transmisiones muy lejanas no eran

EL COBOL

Es un lenguaje de programación universal que permite dar directamente instrucciones en inglés (o casi inglés) al computador. En realidad, cuando se creó, en 1960, se pensó en un lenguaje universal, válido para cualquier computador (eso es muy importante, porque significa que un trabajo puede ejecutarse en cualquier máquina y su propietario ya no es el propietario exclusivo de las neuronas que han ideado el proceso), encaminado principalmente al mundo de los negocios. Su denominación, siguiendo la tradición norteamericana, es un acrónimo: COBOL significa *COmmon Business-Oriented Language*. Los historiadores dicen, no obstante, que la palabra COBOL tiene su origen en sus dos principales componentes informáticos, el compilador FLOW-MATIC de Grace Hopper y el programa (más bien secundario) COMTRAN de la compañía IBM. A Grace Hopper la llamaban algunos «abuelita COBOL».

Es un lenguaje tan antiguo, utilizado y, sobre todo, fiable y probado mil veces, que ha sobrevivido con diferentes versiones mejoradas más de medio siglo. El mundo empresarial continúa utilizándolo con intensidad, a veces sin saberlo, sumergido y disimulado entre otras aplicaciones.

Una muestra de su popularidad es el cine: lo que «habla» el robot de *Terminator* encarnado por Arnold Schwarzenegger es COBOL.

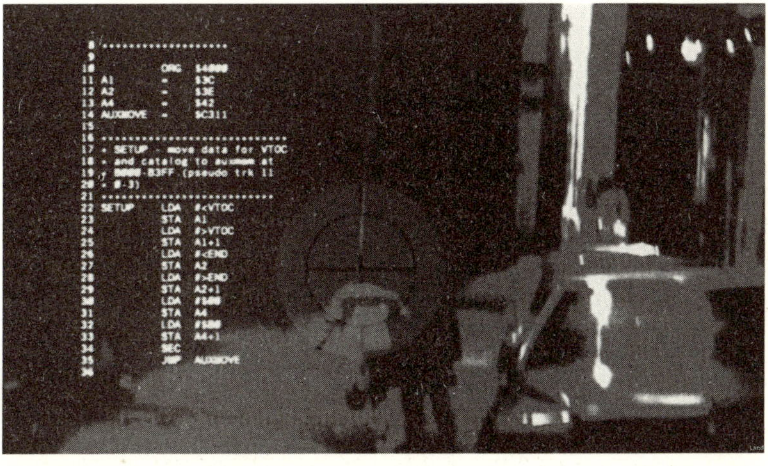

Fotograma de Terminator *en el que puede verse cómo el robot protagonista «habla» en COBOL consigo mismo.*

instantáneas. Cortaba cables de un teléfono viejo en trozos de 30 cm, *et voilà*: ésa era la distancia que la luz recorría en el vacío en un nanosegundo. Imposible explicarlo de un modo más gráfico.

Póster de las conferencias anuales The Grace Hopper Celebration of Women in Computing. *La participación femenina en el mundo de la computación es abrumadora en Estados Unidos.*

JULIA BOWMAN ROBINSON (1919-1985)

En Estados Unidos, los ciudadanos más o menos de a pie llaman a su país orgullosamente América; lo dicen sin mala intención, como si no hubiera más América que la suya, pero en el fondo no deja de esconderse una cierta prepotencia. Entre determinado público de Estados Unidos no se concibe, por ejemplo, que la solución al décimo problema de Hilbert, una cuestión puramente matemática, muy alejada de cuestiones nacionalistas, no se atribuya a Julia Robinson, una brillante matemática estadounidense que le dedicó décadas de trabajo y toneladas de pensamiento a estudiar el tema. Y basándose en tales trabajos previos, significativos, importantes y básicos, hete aquí que la solución la encontró finalmente un joven ruso de sólo 22 años, Yuri Matiyasevich, a miles de kilómetros de distancia, recurriendo a un ingenioso truco manipulando la conocida sucesión de Fibonacci. Julia llegó cerca, muy cerca, pero no pisó en primer lugar la línea de meta. Sin embargo, en algunos libros, artículos y crónicas periodísticas se habla de Julia, en términos inequívocos, como la persona que desveló este misterio matemático. Además del orgullo nacionalista, hay otras razones para atribuirle lo que ella misma, con su ejemplar proceder y modestia, nunca se atribuyó. Julia no sólo fue una mujer, sino la mejor y más conocida matemática de Estados Unidos, y quizás, ahora sí, de América. Estaba perfectamente capacitada para resolver el misterio ella sola. Veámoslo.

Julia Robinson en mayo de 1941 (fuente: Constance Reid).

Crónica de una vocación anunciada

Julia Bowman ya estaba predestinada a ser matemática cuando nació. Su hermana mayor, que tras casarse pasaría a llamarse Constance Reid, se haría famosa no como matemática, sino como biógrafa de matemáticos; su libro sobre Hilbert está considerado como modélico por los profesionales. La casualidad le pondría a su lado una hermana también famosa a la que biografiar.

Cuando Julia tenía dos años quedó huérfana de madre, y su padre Ralph envió a vivir a ella y a Constance con su abuela en pleno desierto de Arizona mientras rehacía su vida. Se casó de nuevo, se retiró de sus negocios de maquinaria, invirtió sus confortables ahorros, se marchó a California —por deseo de su segunda esposa, que quería que las niñas asistieran a una escuela normal— y se dedicó, entre otras cosas, a la familia.

De Julia se sabe que por aquellos tiempos tenía una mente que se movía con lentitud. A los nueve años contrajo la escarlatina y estuvo un año enferma; la familia tuvo que sufrir una cuarentena y celebró su final reuniéndose alegremente para ver su primera película hablada. Alegría prematura, pues una de las consecuencias de la entonces temible enfermedad es que derivó en una fiebre reumática que la retuvo muchos meses en cama y le impidió por otros dos años frecuentar la escuela. Ahí nació la afección cardiopática que luego iba a ser tan importante en su vida de adulta: la fiebre reumática suele atacar las válvulas del corazón, volviéndolas frágiles; Julia tendría el corazón débil toda su vida.

Cuando Julia por fin se recuperó, sus padres le pusieron una tutora para recuperar el tiempo perdido, cosa que hizo con brillantez, superando cuatro cursos en un solo año. Su mente matemática pareció despertarse en aquella época. Su tutora le hizo ver que el comportamiento de la parte decimal de $\sqrt{2}$ era inesperado, propio de lo que llamaríamos un número irracional: en lugar de repetirse a partir de algún lugar, como en el caso de los periodos de los quebrados, al calcular una tras otra las cifras de $\sqrt{2}$ no había repetición alguna. Se podía caminar el trecho que se quisiera a lo largo del desarrollo. Tan increíble le pareció el hecho a Julia que se pasó el resto del día calculando decimales, uno tras otro. A partir de entonces los números fueron sus amigos.

Incorporada a la escuela, Julia fue subiendo escalones en su formación científica; pronto se encontró siendo la única y brillante estudiante de ciencias de la escuela. Al recibir su primera graduación sus padres la obsequiaron con un regalo principesco para la época: su primera regla de cálculo, que bautizó solemnemente llamándola «*Slippy*» («resbalosa»). Hubo un consenso general para que ocupara un puesto profesoral, enseñando matemáticas, para lo cual lo más adecuado era graduarse en el *college* estatal de San Diego —entonces no era aún la Universidad de San Diego—. Los deseos de Julia de no detenerse ahí y hacer de la matemática su auténtica vocación parecen atribuibles a la lectura de un libro de biografías —luego famosísimo—, de título *Men of mathematics* cuyo autor es Eric Temple Bell. Hay que reconocer que el libro es arrebatador y capaz de encender los ánimos de cualquiera.

La crisis de 1929 intervino un tanto a destiempo, con retraso y de un modo trágico: los ahorros paternos se habían evaporado con el tiempo y los acontecimientos, y Ralph Bowman, muy afectado y deprimido, terminó suicidándose. Todo pareció tambalearse, pero por fortuna y con la ayuda de una tía, la familia pudo seguir adelante, y Julia pudo seguir estudiando. Su asignación semestral era exactamente de 12 dólares.

Su ansia de saber más y prepararse bien la llevó, con el apoyo financiero de su hermana Constance, que ya daba clases, a seguir algunos cursos en la Universidad de Berkeley. Saber más no parecía ser muy útil para encontrar empleo, pues sus eventuales empleadores siempre le preguntaban no sobre matemáticas sino cuántas pulsaciones mecanográficas podía hacer por minuto. En Berkeley reconoció la llamada de la selva encarnada en la belleza de las matemáticas superiores y, más en lo personal, en el verbo encantador de uno de sus profesores, el joven Raphael M. Robinson (1911-1955). En Berkeley fue donde Julia descubrió que era un cisne entre patitos, un auténtico cisne matemático. Allí fue feliz de verdad por primera vez. Poco antes de que el mundo se estremeciera con Pearl Harbour, Julia y Raphael se casaron.

Julia Bowman se casó

Las reglas antinepotismo vigentes en el Berkeley de entonces no permitían a Julia enseñar matemáticas en el mismo departamento que su marido, pero afortunadamente Jerzy Neyman (1894-1981) la contrató para trabajar en estadística, en un laboratorio de proyectos secretos militares. Siempre le fascinaron a Julia las estadísticas, sobre todo tras conocer las impresionantes estadísticas del béisbol, pero no era una tarea que armonizara por completo con sus ambiciones, pues le interesaba más la azarosa vida de la matemática profesional; sin embargo, se dedicó a ello con la entrega necesaria. En cierta ocasión le pidieron que describiera una semana típica de su existencia: «Lunes: tratar de probar un teorema. Martes: tratar de probar un teorema. Miércoles: tratar de probar un teorema. Jueves: tratar de probar un teorema. Viernes: teorema falso».

Julia junto a su marido Raphael Robinson.

Julia y Raphael deseaban formar una familia propia, de modo que ella abandonó en parte las matemáticas para ser madre. Se quedó embarazada, pero lamentablemente perdió el niño. Quizá ganó de todos modos una vida, pues el médico detectó masas de tejido cicatrizal en la válvula mitral de Julia y advirtió al matrimonio, solemnemente, del peligro mortal que representaba un embarazo para un corazón tan débil; de hecho, le confesó a la madastra de Julia que sería un milagro si llegaba a cumplir los 40. La respuesta fue una familia sin hijos; para escapar a la depresión y animada por Raphael, Julia se sumergió en las matemáticas.

Se doctoró en 1946 bajo la dirección de una eminencia, Alfred Tarski (1902-1983), con un trabajo sobre la indecibilidad de la teoría del cuerpo racional *(Definability and Decision Problems in Arithmetic)*. Fue su primer contacto con las cuestiones de irresolubilidad en su carrera matemática, y parece que esto la marcó de modo indeleble. Fue precisamente Tarski quien primero le habló de las ecuaciones diofánticas.

Con sólo dos artículos importantes como excepción, toda la tarea matemática de Julia Robinson se dedicó a atacar el décimo problema de Hilbert (cuyas interioridades más técnicas se explican luego) y los problemas de decisión. Uno de los escritos es sobre una cuestión analítico-estadística *(A Note on Exact Sequential Analysis)*, de su época con Neyman. El otro lo publicó en 1951, durante una breve estancia en la RAND Corporation (la «fábrica de cerebros» o *think tank* americana por antonomasia), y resolvió con él un problema de equilibrio de Nash en teoría de juegos, entonces una disciplina en plena moda: *An Iterative Method of Solving a Game*. Como se puede observar, Julia Robinson y las ecuaciones diofánticas estaban hechas la una para las otras; todo lo demás era superfluo.

Una ecuación diofántica es una ecuación polinómica de una o varias variables a coeficientes y soluciones en $\mathbb{Z}$. Se llaman así en honor del matemático griego Diofanto de Alejandría (ca. 200 y 214-ca. 284 y 298), que les dedicó todo un tratado, la *Arithmetica*. Una sencilla ecuación diofántica surge, por ejemplo, de considerar la de tres incógnitas

$$x^2 + y^2 = z^2,$$

que ya sabemos que es la misma expresión que la del célebre teorema de Pitágoras y que ya desde muy antiguo se sabe que tiene infinitas soluciones. Escritas paramétricamente, las soluciones son todas las ternas de la forma

$$\begin{aligned} x &= m^2 - n^2 \\ y &= 2mn \\ z &= m^2 + n^2 \end{aligned}$$

con m y n enteros. Dichas ternas se llaman pitagóricas y se conocen desde hace muchos siglos. Algo más de gracia tienen las eventuales ternas x, y, z no nulas cuando se verifica

$$x^n + y^n = z^n, n > 2,$$

pues entonces la ecuación diofàntica no tiene solución. Es el enunciado del conocido teorema de Fermat, demostrado en 1995. El décimo problema de Hilbert lo que pedía, no obstante, no era algo tan «sencillo» como demostrar el teorema de Fermat, sino algo bastante diferente: encontrar un algoritmo que nos dijera si una ecuación diofántica cualquiera tiene solución o no. Por suerte, hoy sabemos que la primera parte de tan elemental pregunta tiene respuesta negativa. Encontrar la demostración no costó 300 años, como el teorema de Fermat, pero sí costó 70 y un buen despliegue de ideas brillantes de primera categoría.

En 1961, al entrar en la cuarentena, las predicciones médicas se verificaron y se hizo evidente que el corazón de Julia necesitaría alguna reparación; por fortuna, la cirugía cardiovascular había avanzado y la operación fue un éxito. Ahora bien, su corazón era irremediablemente débil y no podía esforzarse mucho. Una consecuencia es que, cuando se la nombró en Berkeley para ostentar una cátedra, en 1976, hubo que aceptar también que sólo desempeñaría una cuarta parte de las tareas de profesorado en clase. Pero la facultad lo aceptó de todos modos, pues la fama de Julia era ya mundial.

A raíz de la operación a Julia le recomendaron pedalear en bicicleta, actividad a la que se entregó con tanta pasión que fue adquiriendo una bicicleta tras otra, en busca de la más ligera y manejable. Su marido, quejumbroso, escribió: «Las mujeres de otros hombres compran abrigos o brazaletes de diamantes; mi mujer compra bicicletas».

En 1984 las bicicletas no impidieron que se le diagnosticase leucemia. La enfermedad remitió un tiempo gracias al tratamiento que recibió, pero Julia Robinson terminó falleciendo en 1985.

El décimo problema de Hilbert

En el transcurso del congreso de matemáticas de 1900, David Hilbert, el primer matemático del mundo, presentó en la tribuna una colección de 23 problemas cuya solución futura supondría un avance considerable en su disciplina. Hilbert consideraba —postura lógica en su tiempo— que todo problema tenía solución y que se tardaría más o menos en encontrar una respuesta a sus 23 problemas, pero que más pronto o más tarde se hallaría. En matemáticas no existen los *ignorabimus*, y todo es cuestión de paciencia, pensaba Hilbert. Hoy sabemos que Hilbert estaba equivocado, y Kurt Gödel le mostró, muchos años después, que hay preguntas paradójicamente sin solución, indecidibles. De hecho, el primero de la lista, la hipótesis del continuo, era uno de esos problemas indecidibles, sin solución. Eso quiere decir exactamente y al pie de la letra «sin solución». Puede inclinarse uno por un sí o por un no, pues ninguna inferencia dentro del sistema lógico va a llevar jamás a contradicción alguna.

Una ecuación diofántica es toda ecuación polinómica

$$P(x_1, x_2, \ldots, x_n) = 0$$

con soluciones y coeficientes en $\mathbb{Z}$. El problema que Hilbert numeró como el décimo se pregunta si existe algún algoritmo, procedimiento o receta única que nos diga si una ecuación diofántica elegida al azar tiene solución o no. Y la respuesta, encontrada por fin en 1970, es negativa. Se trata de lo que se denomina técnicamente problema de masas, dado que implica un infinito número de casos. Existen incluso subcolecciones de casos para los que hay un algoritmo salvador que resuelve el problema, pero lo que se pide es un algoritmo que los resuelva todos. El algoritmo de Euclides, por ejemplo, proporciona una respuesta para las ecuaciones diofánticas de la forma

$$ax \pm by = c,$$

pero se limita a esas ecuaciones, no a todas (por cierto, hay soluciones si y sólo si el mcd (a, b) es un divisor de c).

El camino seguido no es nada sencillo, y muchos no lo entenderán a la primera tentativa, pero a pesar de ello intentaremos explicar el edificio de la demostración, aunque sea muy por encima.

En 1950 Julia Robinson, empleando sus células grises y utilizando las propiedades de la ecuación de Pell, no consiguió probar, aunque lo intentó encarnizadamente, que determinado conjunto numérico, que denominaremos JR en honor de Julia Robinson (y que no pudo construir pero sí definir en términos generales aritméticos), era diofántico (véase el recuadro dedicado a Turing), aunque no computable. El susodicho conjunto JR verificaba unas determinadas propiedades, entre ellas el que sus miembros tienen un especial crecimiento exponencial. No consiguió demostrarlo, pero quedó en la literatura como hipótesis muy probable. Llamemos a la hipótesis «hipótesis JR» para no repetirnos en lo sucesivo.

En 1959, Martin Davis y Hilary Putnam demostraron, suponiendo cumplidas determinadas condiciones, que la hipótesis JR conduce al dramático resultado de que todo conjunto recursivamente enumerable (o listable, que es lo mismo) es diofántico. Si se verificaran las condiciones iniciales y la hipótesis JR, el décimo problema de Hilbert podría darse por resuelto, y la respuesta al mismo sería negativa.

UN POCO DE TURING

En problemas de decidibilidad, de computación o de lógica se acostumbra a recurrir a las máquinas de Turing. Concebidas por la fértil mente del inglés Alan Turing (1912-1954), son en realidad versiones matemáticas ideales de computadoras con memoria infinita. Imaginemos una caja con dos ranuras, una de entrada y otra de salida, a través de las cuales corre una cinta dividida en rectángulos; en cada uno de ellos hay un 0 o un 1. La caja posee un visor para saber en cada momento qué cifra lleva escrita el rectángulo; a cada paso, puede escribir otra cifra en su lugar, también un 0 o un 1. Asimismo, puede decidir si el paso siguiente es pasar a leer a derecha o izquierda. Lo que escriba y el nuevo estado en el que quede depende del estado en el que se encuentre la máquina, y su paso siguiente (y su nuevo estado) viene listado en un programa, propio de cada máquina, alojado en una unidad de control. La máquina se detendrá o no, según decida el programa. Parece que de tan sencillos mimbres no puede esperarse gran cosa, pero el potencial de una máquina de Turing es inmenso.

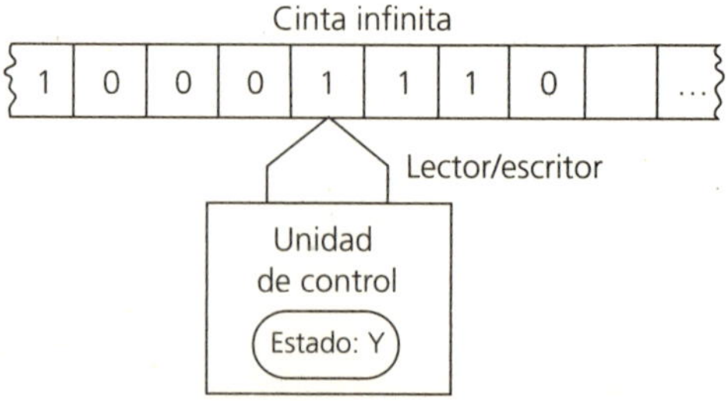

Esquema sencillísimo del funcionamiento de una máquina de Turing.

Sólo un año después Julia Robinson intervino, simplificó las cosas y consiguió eliminar de este cuadro las molestas condiciones iniciales de Davis y Putnam. Todo queda como sigue: si se encuentra un conjunto del tipo JR, se terminó el décimo problema. Basta con encontrar una ecuación diofántica que determine soluciones que se ajusten a un especial crecimiento exponencial, pero como Eldorado, es inencontrable.

El hallazgo se produjo en 1970, tras casi diez años de búsqueda y tentativas. En la Unión Soviética, un jovencísimo matemático, Yuri Matiyasevich, presentó el colosal sistema de ecuaciones diofánticas:

Tres definiciones tienen que ver mucho con los trabajos de Julia Robinson y sus ecuaciones diofánticas; se dan aparte para no interferir con los posibles razonamientos, que son complicados de por sí:

Alan Turing.

— *Conjunto listable* (también llamado, por razones históricas, *recursivamente enumerable*): Un conjunto de enteros L es listable si existe un programa de máquina de Turing que, cuando se introduce un entero se para sobre un 1 si y sólo si el entero pertenece a L. Si el entero no pertenece a L, la máquina puede detenerse en 0 o no detenerse nunca.

— *Conjunto computable* (o *calculable*): Un conjunto C es calculable si existe un programa de máquina de Turing tal que, dado cualquier entero de entrada, la máquina se para en 1 si el entero pertenece a C, y se para en 0 si no pertenece. Una forma algo más retorcida, pero equivalente, es decir que C es computable si y sólo si C y $\overline{C}$, su complemento, son ambos listables. Evidentemente, todo conjunto computable es listable, pero no al revés.

— *Conjunto diofántico:* Un conjunto de enteros D es diofántico si se puede especificar por medio de un polinomio $P(x_1, x_2, \ldots, x_t)$, con variables $d, t, x_1, x_2, \ldots, x_t \geq 1$ y a coeficientes enteros, tal que P puede ser resuelto dando valores enteros a $x_1, x_2, \ldots, x_t$ si y sólo si a d se le asigna un valor en D.

$$m - c(2h + g) - 3 = 0$$
$$m - fl - 2 = 0$$
$$x^2 - mxy + y^2 - 1 = 0$$
$$(d - 1)l + u - x - 1 = 0$$
$$x - v - (2h + g)(l - 1) = 0$$
$$u + w - v - 2 = 0$$
$$l - 2v - 2a - 1 = 0$$
$$l^2 - lz - z^2 - 1 = 0$$
$$g - bl^2 = 0$$
$$g^2 - gh - h^2 - 1 = 0.$$

Si tomamos esas diez ecuaciones, las elevamos al cuadrado y las sumamos, obtenemos una sola ecuación con las mismas soluciones entre los números naturales que el sistema formado por todas ellas. Ya tenemos una sola ecuación diofántica, y cumple con las condiciones deseadas.

Matiyasevich no llegó a las diez expresiones anteriores por casualidad, sino que las buscó intencionadamente y con gran astucia. Un teorema demostrado en 1942 y perdido en medio de la tercera edición de un librito ya antiguo titulado *Los números de Fibonacci* (del matemático soviético Nikolai Vorobyov) le aportó la idea crucial. Las diez ecuaciones anteriores garantizan que $v = F_{2u}$, donde F_i representa el i-ésimo número de Fibonacci. Perversamente, el resultado de Vorobyov se encontraba en la tercera edición del librito, pero no en la primera ni en la segunda.

Las condiciones verificadas por las soluciones de la ecuación de Matiyasevich se ajustan a las exigencias de la hipótesis JR y, por tanto, ya no estamos ante una hipótesis sino ante un teorema debidamente demostrado. El elusivo conjunto JR existía y, por tanto, el décimo problema de Hilbert está ya resuelto: la respuesta es *no existe* el algoritmo-milagro.

Se consigue así —con un enorme derroche de ingenio— demostrar que no hay un algoritmo posible que nos diga si existe una solución para toda ecuación diofántica; siempre habrá alguna ecuación maldita ante la que fracasará cualquier algoritmo, cualquier receta.

En realidad, todo reside en la sutil diferencia entre conjunto listable y conjunto computable. Lo que probaron Matiyasevich, Robinson, Davis y Putnam es un magnífico y hermoso resultado:

Un conjunto es listable (o recursivamente enumerable)
si y sólo si es diofántico.

Pero todo el problema de Hilbert reside, en el fondo, en que no todo conjunto listable es computable. Basta con encontrar uno, uno sólo, listable pero no computable, para que todo adquiera otro aspecto. Ese conjunto será diofántico, pero ningún algoritmo resolverá jamás la ecuación correspondiente.

LA EDUCACIÓN DE PELL

El matemático inglés John Pell (1611-1685) ha pasado a la historia gracias a la ecuación que lleva su nombre:

$$x^2 - d\,(y+1)^2 = 1.$$

La ecuación tiene soluciones enteras si y sólo si d no es un cuadrado perfecto. De acuerdo con las definiciones dadas en el recuadro dedicado a las máquinas de Turing, el conjunto de los números que no son cuadrados perfectos, $D = \{2, 3, 5, 6, 7, 8, 10, \ldots\}$, sería un conjunto diofántico.

Después del décimo problema

Para conmemorar su cumpleaños, Julia recibía un pastel con velitas, las soplaba y emitía un deseo, siempre el mismo: no morir sin ver una solución al maldito problema número diez. No le importaba si la solución era afirmativa o negativa ni quién la aportara. Mientras esperaba, Julia Robinson recibió en vida muchos homenajes relevantes. El más importante, monetariamente hablando, fue recibir en 1983 una beca de la Fundación MacArthur, dotada con 60.000 dólares (en cinco años), dólares de los de entonces. Fue, entre otras cosas, la primera mujer matemática que ingresó en la Academia Nacional de Ciencias (1975) y la primera mujer que presidió la Sociedad Matemática de América (1978). Para un matemático norteamericano, este nombramiento constituye la cumbre de una carrera, aunque no está exento de obligaciones y tiene poco de honorario; antes de

YURI MATIYASEVICH (N. 1947), EL NIÑO DE ORO

Matiyasevich en 1969, cuando halló la solución al décimo problema de Hilbert.

No hay duda de que estamos ante un joven prodigio. A los 17 años ya ganó una olimpiada matemática, y no en cualquier parte, sino en Moscú. Es doctor *honoris causa* de varias universidades y miembro de varias academias de ciencias, aunque eso importará poco a los matemáticos. Lo que quizá sí les importe es su contribución crucial a la resolución del décimo problema de Hilbert, el hecho de que haya un polinomio en teoría de grafos que lleva su nombre y que su número de Erdös sea dos. Matiyasevich empezó a interesarse por el décimo problema de Hilbert en 1965, a los 18 años, y sólo uno después de iniciar sus estudios ofi-

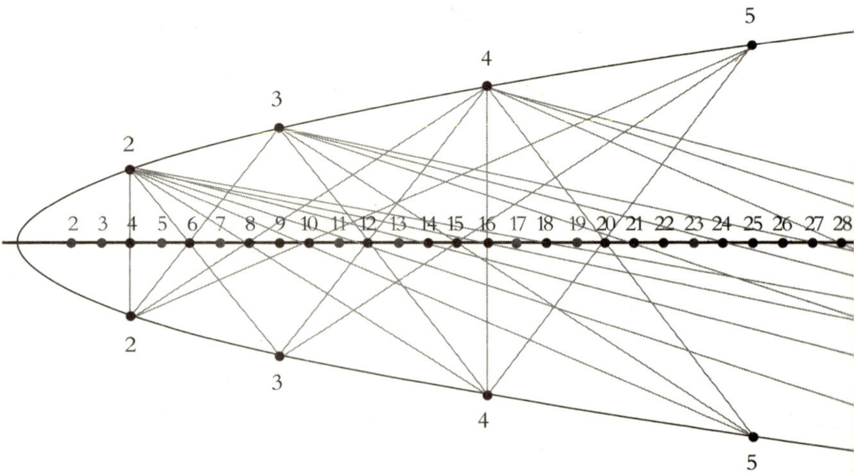

ciales. A los 22 años encontró la solución final. Fue todo un acontecimiento en el mundo matemático. Julia Robinson escribió en una carta: «Ahora que sé que es verdad, es hermoso y maravilloso. Si realmente tienes sólo 22 años, me siento especialmente satisfecha de pensar que cuando formulé por primera vez la conjetura eras todavía un bebé y que todo lo que he tenido que hacer es esperar a que crecieras».

Es difícil dar una idea de por dónde se mueve la mente de Matiyasevich, pero les mostraremos un ejemplo elemental, que elaboró en plena juventud (24 añitos) junto con Boris Stechkin (1920-1995). Constrúyase una parábola del modo que se indica en el dibujo; de hecho es algo sencillísimo, pero por si necesitara la ecuación, ésta es $y=x^2$. Marque usted en ella los puntos correspondientes de ordenada 2, 3, 4, 5, 6, etc. Una los de arriba con los de abajo. ¿Qué obtiene usted en el eje horizontal? Pues todos los números primos y nada más que ellos. Son los que se han quedado allí, sin que ninguna recta pase por ellos.

Es casi un juguete, pero esta genial «criba de Matiyasevich-Stechkin» (es tan elemental como un ejercicio de secundaria) le quitaría el hipo a cualquiera con espíritu matemático. Así es Matiyasevich.

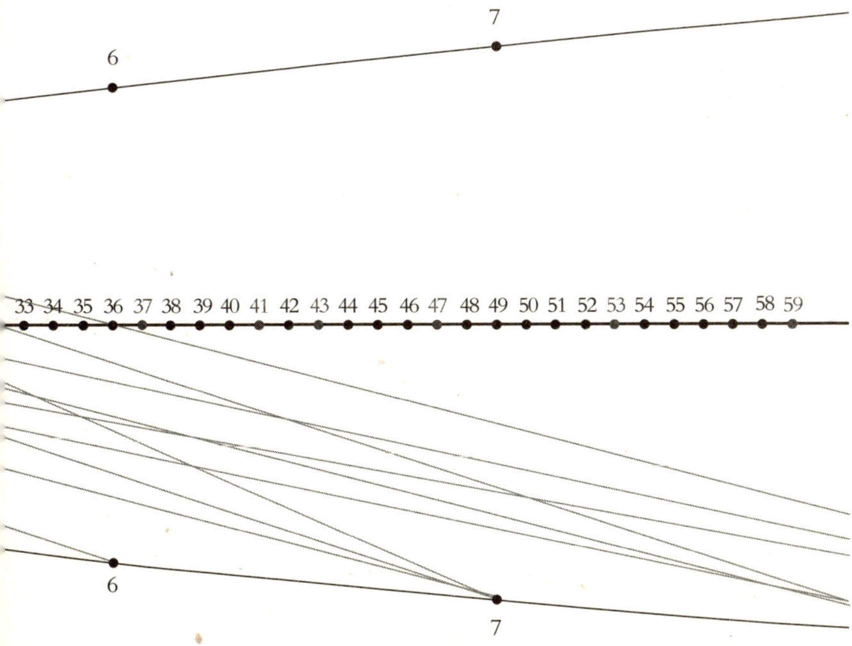

aceptarlo, Julia debatió previamente la cuestión con sus familiares y amigos, pero llegó a la conclusión de que tenía el deber moral de hacerlo. Por lo menos pudo, a través de su cargo, encontrarse personalmente en Occidente, en Calgary (1982), con Matiyasevich —ya lo había conocido en la Unión Soviética—, a quien la celosa burocracia comunista permitía desplazarse con cuentagotas y al lugar donde su impredecible lógica de partido decidía. En el curso de su visita a la URSS, el matemático Yuri Linnik (1915-1972) le manifestó que su apellido, Robinson, era ya el segundo «Robinson» más famoso de la Unión Soviética; al parccer, el primero pertenecía a Robinson Crusoe. Naturalmente, Matiyasevich y ella podían relacionarse por carta y publicaron varios artículos conjuntamente, pues la unión hace la fuerza, aunque hubiera miles de kilómetros de por medio.

Un inciso para la Julia Robinson menos conocida, la Julia Robinson política. Julia tenía vínculos familiares lejanos con Adlai Stevenson, que era primo de su marido. En lo político, coincidían en muchas ideas. Así que, en 1950, Julia se lanzó a la arena política y se batió en campaña por la candidatura de aquél, dejando las matemáticas en la habitación de atrás. Cuando Eisenhower derrotó a Stevenson (y por dos veces), debió de sentirse decepcionada, tanto como aliviados se sintieron los perseguidores del décimo problema de Hilbert. En cualquier caso, siguió ligada muchos años al partido demócrata.

Un último apunte que nos sirve de apostilla: Julia Robinson siempre insistió en la libre accesibilidad del conocimiento y en la igualdad de oportunidades para todos, hombres o mujeres.

Epílogo

Ha habido muchos más nombres femeninos importantes en el mundo de la matemática. Pocos o ninguno han alcanzado la resonancia universal de un Euler, un Gauss o un Hilbert, pero es que durante la mayor parte de la historia, hacerse matemática, por las razones que ya se apuntaban en la introducción del libro (sobradamente ilustradas, confío, por los casos repasados hasta ahora), no ha estado al alcance de todas las mujeres. Más fácil es que un camello pase por el ojo de una aguja a que un rico entre en el reino de los cielos, dijo en cierta ocasión Jesucristo; si ponen «mujer» en lugar de «rico» y «matemáticas» en lugar de «cielos», tendrán ustedes una sentencia lógica con el mismo valor de verdad. Y no lo dijo Jesucristo, pero, a juzgar por la historia, habría podido hacerlo sin mentir.

El texto anterior, que termina en la persona modélica que fue Julia Robinson, podría ser mucho más extenso y moderno, pues, por fortuna, y sobre todo en los últimos años, ha habido y hay matemáticas muy inteligentes. Cito, por nombrar a algunas del pasado, a Alicia Boole Stott, Marie Curie, Hilde von Mises, Grace Chisholm Young, Olga Taussky... Entre los nombres todavía más cercanos —algunos bien exóticos—, se han quedado en el tintero Fan Chung, Mary Rees, Sun-Yung Chang, Ingrid Daubechies, Irene Fonseca, Nancy Kopell, Dusa McDuff, Raman Parimala, Jean Taylor, Abigail Thompson, Karen Uhlenbeck...

Y eso que me limito a los grandes nombres, sin concesiones a la galería, porque si no... ¿Sabían ustedes, por ejemplo, que la célebre actriz Hedy Lamarr tiene un lugar en este olimpo, pues ha sido una excelente especialista matemática en técnicas de control remoto? Lo malo es que, de adentrarse en la matemática actual y sus cultivadoras se necesitaría un volumen complementario para entender los conceptos enrevesados en que trabajan hoy día.

Sea como fuere, este autor habrá alcanzado sobradamente sus objetivos si, con esta breve presentación de los logros matemáticos de algunas grandes científicas, conseguidos algunos en circunstancias difíciles —por no decir heroicas—, logra despertar la vocación de alguna futura estudiante. Llegado ha la hora de acabar con la larga etapa de «patriarcado» en las matemáticas, para beneficio último tanto de nuestra disciplina como de la sociedad en su conjunto.

Lecturas recomendadas

BADINTER, E., DUHÊME, J., *Las pasiones de Émilie*, Madrid, Nivola, 2006.

BELL, E.T., *Men of Mathematics*, Nueva York, Simon and Schuster, 1937.

CORRY, L., *Modern Algebra and the Rise of Mathematical Structures*, Basilea, Birkhäuser Verlag, 2004.

GUIRADO, J., *Infinitum*, Madrid, Eneida, 2007.

HENRION, C., *Women in Mathematics: the Addition of Difference*, Indiana University Press, 1997.

LENZNER, A., *Women in Mathematics*, Berlín, Waxmann Verlag, 2006.

MATIYASEVICH, Y., *Hilbert 10th Problem*, Cambridge, The MIT Press, 1993.

NEUENSCHWANDER, D.E., *Emmy Noether's Wonderful Theorem*, Baltimore, The John Hopkins University, 2010.

NOMDEDEU, X., *Mujeres y matemáticas entretejidas*, Madrid, Nivola, 2007.

OSEN, L., *Women in Mathematics*, Cambridge, The MIT Press, 1974.

Índice analítico

Títulos publicados en esta colección

Jesús Purroy
GENOMA HUMANO
Desentrañando los mecanismos del ADN

José Viosca
CEREBRO
Los secretos del órgano más completo

Joaquín Navarro
MUJERES MATEMÁTICAS